PUHUA BOOKS

我
们
一
起
解
决
问
题

U0178707

数字经济管理系列教材

数字产品设计理论与实践

杨秀丹◎著

人民邮电出版社

北　京

图书在版编目（CIP）数据

数字产品设计理论与实践 / 杨秀丹著. -- 北京：
人民邮电出版社，2023.3
数字经济管理系列教材
ISBN 978-7-115-60749-2

Ⅰ．①数… Ⅱ．①杨… Ⅲ．①数字技术－应用－产品
设计－教材 Ⅳ．①TB472-39

中国版本图书馆CIP数据核字（2022）第252280号

内 容 提 要

随着数字技术的发展，人们对数字产品的需求不断升级，数字产品设计需要考量的因
素也更复杂，因此数字产品设计人员面临着更大的挑战。为拓宽数字产品设计相关专业学
生的视野，使其更好地应对数字化社会的迅速变革，本书讲解了数字产品的相关理论知识
及设计方法。

本书共六章。第一章讲解了数字产品设计应该掌握的基础知识，如数字技术的发展、
数字产品设计的由来、用户体验及情感化设计相关理论等内容；第二章讲解了数字产品及
其设计的特征、类型与发展等内容；第三章讲解了数字产品的原型设计，增加了中国文化
元素的导入内容；第四章讲解了数字音像产品的类型、特点和设计工具等；第五章讲解了
什么是数字叙事，以及如何创作数字叙事产品等；第六章落实到数字产品的情感化设计
上，着重讲解如何通过设计满足用户的情感化需求。

本书适合数字经济管理、信息管理与信息系统、大数据管理与应用、软件工程、数字
新闻及传播、电子商务、艺术设计等专业的师生阅读和使用，也适合其他对数字产品感兴
趣的普通读者阅读和使用。

◆ 著 杨秀丹
　责任编辑 贾淑艳
　责任印制 彭志环

◆ 人民邮电出版社出版发行　　　　北京市丰台区成寿寺路 11 号
　邮编 100164　电子邮件 315@ptpress.com.cn
　网址 https://www.ptpress.com.cn
　北京虎彩文化传播有限公司印刷

◆ 开本：700×1000　1/16
　印张：17.75　　　　　　　　2023 年 3 月第 1 版
　字数：300 千字　　　　　　　2024 年 8 月北京第 7 次印刷

定　价：89.00 元

读者服务热线：（010）81055656　印装质量热线：（010）81055316
反盗版热线：（010）81055315
广告经营许可证：京东市监广登字 20170147 号

| 前 言 |

　　十年前，在 Web 设计和用户体验逐渐升温并进入校园之际，我正为社会机构开发管理信息系统。彼时，使用者在管理信息系统功能之外提出了众多与"前台"或"美工"有关的问题。为响应这样的实践和社会需求，我开设了一门名为"Web 产品分析与设计"的课程。十年来，课程的内容不断变化，学生的设计作品也更为丰富多元，数字技术及相应的思想、方法、工具也更为纷繁复杂。在一个从技术到应用，从日常生活到审美价值，从交流到创新全部面临数字化转型的时代，如何将时代的要求体现在教学过程中，如何让学生从自身所及的感知中体验、认知和应用基于数字技术的产品魅力，是教与学都面临的重要问题。这是本书形成的根本原因。

　　数字技术对人类生活的改变是通过不断涌现的数字产品实现的。数字化给人类社会带来变革的核心在于信息，正是信息促使人们在与数字产品互动时进行着生物的、技术的、文化的和认知的体验。而无论是生物信息、技术信息、文化信息，还是认知信息，随着时间的推移都在不断变化和演化，这使得人们与数字产品的关系充满了复杂性。随着复杂性的增强，人与数字产品沟通的基础——信息，将转化成新的形式。与之对应，数字产品、服务、内容和结构也将持续变化。此外，促进数字产品不断涌现的因素还包括对数字产品实施影响的人、终端用户和推进数字产品发展的社会进程。在数字产品不断涌现的过程中，人们逐渐获得了包括符号、标签、表情、"化身"及"组群"等数字"身份"。由此，传统的以功能和可用性为主的产品可用性分析和设计，逐渐转变为用户的情感体验和感知设计。以这样的底层逻辑为起点，本书设计了六章内容。

第一章沿着时间线简要梳理了桌面端的 Web 设计如何走向全面的数字产品设计，基于系统的人机交互如何走向基于增强现实或虚拟现实的"元宇宙"，以及面向功用的设计如何走向基于全流程的沉浸体验和智能认同的设计。

第二章展开讨论了数字产品及数字产品设计。从生产的角度来看，数字产品不会随着时间的变化而受损，它是易传播和易复制的。从生命周期的角度来看，数字产品最终走向用户体验设计。在用户体验的发展过程中，出现了多个描述和分析用户行为和体验的理论、模型和方法。

考虑到教材适用的对象，本书的数字产品设计核心为原型设计，第三章在界面设计的基础上，增加了中国文化元素的导入内容，强调了生活习惯、文化认同和相关的符号表达也是数字产品重要的设计元素。

本书所强调的数字产品基于数字化扩大并延伸了其范围，将更能影响当代人的短视频、电子书、数字故事等都包含在内，并用"数字音像产品"和"数字叙事"来涵盖。第四章以短视频产品和有声读物产品为核心展开讲解。第五章从数字叙事讲起，介绍其发展、特点和应用，以及数字叙事产品的类型和创作方法。

第六章以情感为终点，讲述数字产品的情感化设计。

本书作为十年教学内容的一个总结，多以普及性、理论性和认知性的内容为主，未体现具体的设计要求。与此同时，对于业界和学界的很多新思想、新方法和新工具，本书也未能全部涵盖。基于此，期待未来的修订和更新。

杨秀丹 于星空书斋

2022 年 11 月 15 日

| 目 录 |

第一章

时代演变中的数字
产品设计

第一节 数字时代的来临

据中国信息通信研究院的报告，2021 年，全球 47 个主要国家的数字经济增加值规模达到 38.1 万亿美元，占国内生产总值（Gross Domestic Product，GDP）的比重超过 45%；其中，我国数字经济规模达到 7.1 万亿美元，占 GDP 的比重超过 30%。与此同时，数字技术创新作为全球战略重点为全社会的数字化转型提供动力，数字化变革由效率变革向价值变革拓展，新兴数字产业、数字基础设施与核心技术、数字治理与全球规则成为新的技术基础和价值创造核心。一个从技术到应用，从日常生活到审美价值，从交流到创新全部面临数字化转型的时代已然来临。

为了更好地理解为何设计和如何设计数字产品，我们需要回顾数字技术与人类关系的发展过程。我们首先需要明确一点，即数字技术对人类生活的改变不仅体现在表象，也体现在其核心和本质。人类在短短一个世纪的时间内目睹了数字化给社会、技术和人类认知模式带来的变化及其副产品——泛滥的虚假信息如何使人深陷其中。促进数字产品不断涌现的因素不仅包括跨越不同媒介的数字产品本身，还包括通过知识、偏好和能力对数字产品实施影响的人、终端用户及推进数字产品发展的社会进程。

数字化促进人类历史变革的核心在于信息。正是信息促使用户在与数字产品交互时进行着生物的、技术的、文化的和认知的体验，而这些体验影响着数字产品与用户关系的细节。生物信息是指人类的物理形式和形态。技术信息是指任何拓展到生活的发明创造，包括物质（如硬件、工具、机械设备等）和非物质技术（如语言、阶层、社会规范、信仰体系、逻辑推理及数字化等）。文化信息是指社会成员进行互动的内容，通常是指人类自出生之日起就承继的习惯和生活经验等。认知信息是指通过行动来理解世界构成的信息集合和过程。这四类信息构成了用户与数字产品交互的基础，而它们随着时间的推移，通过不同的媒介逐步演化。这使用户与数字产品的关系充满了复杂性，随着复杂性的增强，信息将转化成新的形式。与之对应，数字产品、服务、内容和结构也将持续变化。

一、从 Web 走向全面数字化

近一百年来，数字技术成为塑造人类生活方式的核心要素，改变了人类收集、获取及应用信息的方式，也推动着商业模式、科学研究、人类交往方式和习惯的变革。促进这些变革发生的关键在于信息通信技术的兴起，信息的处理、传输和接收从模拟形式转为数字形式。在数字形式中，信息从以 Web 为核心，走向全面的、涉及不同载体、不同形式和不同层次的数字产品。数字产品包括具有信息内容，在以互联网为基础的流动中可以被数字化，并在互联网中传播的、以概念化的内容形式存在的产品或服务。技术简化了通信过程，带来了新的交流内容，为人们的生活方式增添了更多色彩。由此，这些数字产品几乎覆盖了人类生活的全部领域。

互联网是数字产品流动的基础。2019 年，全球有超过一半以上的人在使用它，我国的互联网使用率为 64.5%。互联网连接速度是影响数字产品产生和使用的关键因素。从 2012 年到 2022 年，全球平均互联网连接速度大幅提升。互联网连接速度最快的韩国可以达到每秒接近 30 兆比特的上网速率，不仅能满足人们浏览一般的数字产品或内容的需求，也能满足人们在几分钟内下载完大电影的需求。

智能手机是数字产品流动的载体，是连接互联网和传输数据的关键工具。图 1-1 为智能手机用户在早起时间的 App 使用情况，揭示了数字产品如何影响人的一天。有关报告显示，2021 年全球智能手机的全年总出货量为 14.3 亿部。在国内，2022 年的智能手机上网比例达 99.7%，移动 App 有 232 万款，其中，用户数量超过 1 亿的移动 App 接近 60 款，涉及的领域有即时通信、电商购物、支付结算、短视频、地图导航、搜索下载、社交浏览、本地生活和综合资讯等。除此之外，在线教育、网络音乐、网络文学、网络游戏等数字产品的用户规模也在持续增长，这持续地影响甚至改变了人们的工作、学习和生活方式。

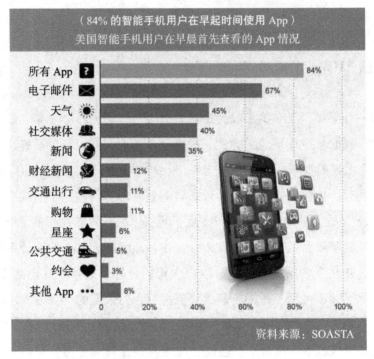

（84% 的智能手机用户在早起时间使用 App）
美国智能手机用户在早晨首先查看的 App 情况

App类别	百分比
所有 App	84%
电子邮件	67%
天气	45%
社交媒体	40%
新闻	35%
财经新闻	12%
交通出行	11%
购物	11%
星座	6%
公共交通	5%
约会	3%
其他 App	8%

资料来源：SOASTA

图 1-1　智能手机用户在早起时间的 App 使用情况

二、从人机交互走向元宇宙

　　人们用短视频记录和分享生活，通过社交媒体瞬时知晓本地和世界新闻，世界各地拥有不同文化背景和说不同语言的人能够在线举行学术会议……在一定程度上，我们已经"融合"为一个实体，这个实体一半是人类，一半是数字。

　　技术与人的协同进步促进人类社会不断演化。人类社会从模拟转向数字，人们也开始生活在由数字赋能的现实世界中。这个数字世界由众多数字设备和交融在其中的数字应用程序构成。因此，人们必须不断地与数字"硬件"和"软件"同时交互，而数字或虚拟"软件"的生活"应用"又"无限"扩展了物理设备的存在，使人们可以在无限的数字空间中进行购物、学习、工作乃至生活。这个空间从人机交互走向了元宇宙。

人机交互从控制语言到图形用户界面，再到网络用户界面，逐渐走向多通道、多媒体的智能人机交互，这些都是明显的人与系统的交互，即人输入符号并从数字产品系统中获取内容。而元宇宙是在数字空间的人机环境系统。在元宇宙中，人与机器的交互是无穷无尽的。无论是之前的人机交互，还是将来的元宇宙，在人与机器的相互作用中一直是"人给机器的多，但机器给人的少"。因此，创建一个更好的人机交互环境和一种更好的交互方式，是未来发展数字空间的重要任务。

三、从功能可用走向沉浸体验和智能认同

数字化促使人们在更大的范围，用更多的方式理解世界并在其中行动。通过数字化屏幕，人们与之前不可能接触到的人、思想和机会建立连接，从而创造了一个新的数字生态空间。在这个意义上，数字产品已经开始塑造人们新的习惯并将其彻底融入生活。在这个过程中，人们对自己的"身份"叙述也发生了变化，每个人都有自己的符号、标签、表情、"化身"及"组群"，每个人都有意识地或不得不通过数字产品塑造和设计自己的数字"身份"。

长期以来，数字产品如手机、计算机及其中的核心信息系统和平台必须完成基本的功能设计和可用性测试，这是衡量它们能否被可持续使用或不断升级换代的标准。功能是否完整或能否被优化（意味着有用），系统是否可用、易用及能否为用户创造价值，都成了数字产品生存的重要指标。而随着数字空间的不断扩大，数字产品被无限地开发，当几百万个数字产品摆在用户面前供用户选择时，用户的体验和感知变得越来越重要。

当用户通过某种外链或内置机器技术将自身感官沉浸式地带入数字空间时，用户与数字产品就产生了交互。用户在这些交互过程中建立身份、完成活动，不断产生情感和体验。由此，在不断扩展的数字空间中，数字产品、服务或功能逐渐走向以人的感知、情感和沉浸体验为主。

而这一切在一定程度上并不完全由人来自主地完成，而是通过人工智

能、计算算法、深度学习和数据挖掘来塑造，我们对自己的数字身份的认同也是智能化和数字化的。社会计算原则如图 1-2 所示。

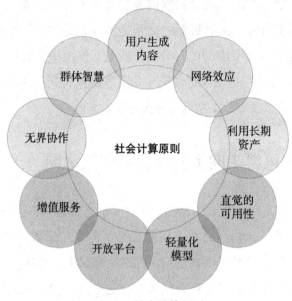

图 1-2　社会计算原则

　　因此，数字产品的发展和设计必须考虑数字化对社会构成、用户身份及数字产品本身带来的变化。我们在设计数字产品时必须深刻意识到，数字产品面向的用户已经成了数字网络和数字空间的重要构成，人类与现实世界的沟通也主要通过数字产品来实现。将用户的身份、故事叙述和情感体验融入数字产品的设计不仅是设计者的责任，也是设计取得成功的关键。在一定程度上，用户可以通过拥有系列参数的算法和已经存在的图式去识别和预测数字产品中的"身份"，以及判断如何选择数字产品、如何在数字产品中行动、如何与数字产品交互。因此，在数字产品的身份设计上，设计者需要确定用户为何及如何选择数字产品或数字产品元素，以及这些选择如何影响用户对数字产品的认同。这也要求数字产品必须将用户行为和产品内容整合为一个与用户体验无缝衔接的整体。

第二节　Web 设计与数字产品设计

　　早期的数字产品设计是以 Web 设计、视觉效果和内容的表达为主的，随着移动互联网的发展，大量 App 被开发和使用。虽然设计的目的和部分方法有所变化，但设计的基础和架构未变。因此，这里的 Web 设计在一定程度上包括 App 设计。

一、Web 设计及发展

　　Web 设计是一个跨学科和跨领域的知识综合体，它兼顾内容、技术和外观三个方面的设计，包括 Web 界面设计、Web 前端设计、Web 程序设计等。

　　最早的 Web 网站基本只包括文本和为数不多的图片。后来，Web 网站开始出现了表格布局、动画及层叠样式表（Cascading Style Sheets，CSS）的设计。其中，一个重要的转折点是在 1995 年，表格、切片设计（Slicing Design）、JavaScript 等网页设计语言的迅猛发展，使单色像素的显示屏得到了很大的改善。但是，静态的网页及文字与图片的简单排版并不能满足人们对网页内容和形式的双重审美需求，于是更多的新技术开始出现，它们使网页更有创意、有活力，也使用户的体验更加舒适。CSS 就是其中主要的设计语言，它将网页的内容与样式进行了分离，能够比较高效地定义网页的格式及设计效果的属性。与此同时，栅格与框架的出现使网页能够在不同的移动端上保证内容不变的同时，根据不同移动端的情况进行布局与排列，这使网页的设计效果和内容的加载速度有了质的提升，也使用户的体验更加舒适。

　　随着移动互联网的迅猛发展，Web 设计发生了很大的改变，分为桌面端（PC 端）和移动端（App 端），简洁、明快、扁平化、响应式的设计成了设计的主流标签。越来越多的数字产品从原有的 PC 端向多终端的方向发展，尤其是向 App 端发展。数字产品的基本特征之一是通过多终端的无缝连接，从 PC 端到 App 端全方位满足用户的需求，抢占用户的时间和心智。由于不同终端的特征各异，因此，同一数字产品在 App 端和 PC 端的设计也存在差异。

在移动互联网时代，用户的时间被碎片化地分割，这导致用户需求呈现"场景化"的特点。当场景不同时，用户需求就不同，用户心理也不同，所设计的功能点的优先级也会出现变动，进而影响界面控件和信息元素。例如，用户在登录购物网站时更倾向于"逛"和选购，但用户在 App 端时，因碎片化和实时在线的特点，他们更喜欢"闪购""秒杀"等产品形态。因为 PC 端的展示面积比较大，展示效率比较高，用户更有耐心，所以它适合展示比较丰富的内容；但是 App 端与 PC 端的展示情况恰恰相反，设计者必须突出重点，尽可能将产品链路设计得短一些。

从界面的布局来看，PC 端屏幕宽大，布局灵活，设计者在设计时需要把信息有序地组织起来，将导航和重要的区块放在网页的首页，在网页的中部放置操作比较复杂和内容有吸引力的区域。App 端的可视区域小，设计者在布局时应该充分利用有限的空间展示信息，更精准地把握用户需求，更准确地呈现元素。App 端的页面流程应该简单清晰，设计者尽量将复杂的操作分段展示。由于在 App 端用户是直接用手指操作的，上下滑动的体验更好，因此面向 App 端的数字产品在布局上大多采取上下排列的方式。

当以网页为主体的互联网网站和移动 App 融合成主流的时候，其他数字产品也在快速发展，如追求互动性与沉浸感的数字叙事，内容形态多样化、具有强互动性的有声读物，内容简洁、发布速度较快、用户参与感较强的短视频等。

二、数字产品设计

信息的数字化是数字产品产生的根本。数字化带来了多媒体，带来了软件，也带来了移动电话、数字电视、数字广播、数字电影等。在一定程度上，数字产品是因为数字化信息的存在而存在的。信息的保存、流动、更改都需要一定的介质，数字产品作为一种载体而存在是必然的结果。数字产品可以被划分为有形数字产品和无形数字产品。有形数字产品是指基于数字技术的电子产品，如数码相机、数字电视机、数码摄像机等。无形数字产品是指能经过数字化并通过数字网络传输的产品。无形数字产品包括工具类（如计算机软件等）、内容类（如金融信息、新闻、搜索、书刊、音乐影像、电视节目、在线学习和虚拟主机服务等）和在线服务类（常见问题解答和在线技术支持、售后客户关系管理等）等不同类型的产品。

数字产品设计是产品设计的分支，从产品设计发展而来。产品设计即对产品的造型、结构和功能等方面进行综合性的设计，以便生产制造出符合人们需要的实用、经济、美观的产品。但是在数字化的环境下，数字产品的设计更加注重用户的体验和对用户的服务，不断满足用户因接触数字信息而引发的各项需求。

物质技术的飞速发展和人类情感需求的增长与变化对设计领域的影响表现为数字产品的功能与形式的含义及相互关系正在不断变化。数字产品与工业制造产品原有的机电一体化不同，数字产品的设计形式在相当程度上发生了根本的改变，尤其是从表面上它已经摆脱了工业产品的功能约束。数字产品所谓的"功能"不仅包括使用功能，还包括认知功能、审美功能和文化功能。因此，数字产品设计主要从为用户提供更合理的交互的角度来确定数字产品的形式。数字产品与用户的关系的转变意味着"用户行为"不再是单纯的"行为"，而可能是"数字产品"的一个构成部分；"数字产品"也不再是单纯的"产品"，而必须依靠某种"用户行为"的参与。由此，数字产品设计从强调产品的功能和形式转换为强调产品与用户更灵活的关系，甚至是用户自己参与、探索和创造的过程，数字产品变得越来越个性化、人性化。同时，用户在使用数字产品的过程中主动体验数字产品，创造新的使用方法，这也延伸了数字产品的功能。

数字产品设计也强调数字产品与整体环境的协调性。数字产品整体环境的形成离不开对用户需求的挖掘和对用户体验的关注。数字产品整体环境是一系列人和物的行为状况，是主观的内在"情"和客观的外在"境"相互作用的产物，它使设计价值"不是只在单个的孤立物体中，而是在物体和它的环境关系中"。数字产品设计能够根据数字产品的造型、材料等去营造某种表达自己观念的情境，用户在使用数字产品的过程中能不断加深对数字产品的认识，由情境带来的一切情感体验和感受都是为了满足用户的情感需求。合适的情境能够使用户通过感官体验获得情感满足，并与数字产品产生情感共鸣。

第三节　认知与数字产品设计

一、认知心理学

以用户为核心的数字化体验不仅要求数字产品设计注重人类生理结构，还要求其注重人类的心理认知过程。认知心理学以人类心理现象中的认识过程为主要研究对象，在长期发展的过程中形成了不同的流派，出现了很多对心理、行为和其他学科有影响的理论、思想和方法，深刻地影响了包括数字产品设计在内的设计思维。

（一）信息加工系统

认知心理学出现于 20 世纪中期，是心理学的主要分支，主要研究人类对外界信息的感知、注意、记忆和反应等过程。从广义上讲，认知心理学是研究人类的心理学；而从狭义上说，认知心理学是指信息加工心理学。美国学者艾伦·纽厄尔（Allen Newell）和赫伯特·A. 西蒙（Herbert A. Simon）于 1972 年提出了信息加工理论，该理论把人类的认知过程比作计算机对数字信息的加工过程，这些加工处理包括对外界刺激的接收、编码、分类、存储和提取等。信息加工系统由感受器、加工器、存储器和效应器组成，如图 1-3 所示。

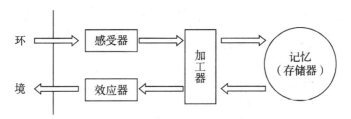

图 1-3 纽厄尔和西蒙的信息加工系统

其中，感受器是指人的感知器官，如听觉、视觉等，负责感知外界的刺激；加工器是指人类的中枢神经系统，负责将感知到的刺激转换成信号进行传递；存储器是指人类的大脑，负责对中枢神经系统传来的信号进行存储、分类和提取；效应器是指人类的反应系统，如触摸、发出声音等。因此，一个信息加工系统包括感知系统、记忆系统（包括长期记忆和短期记忆）、控制系统（主要指反应时间）和反应系统（人对环境的反应）。

感觉和知觉是认知心理学的基本要素。感觉与知觉有所不同，感觉是大脑对外界的最初认识，是直接印象；而知觉是在不断积累感觉的基础上产生的对事物的整体印象。感知觉也是人体多个器官协同的结果，是视知觉、听知觉、嗅知觉、味知觉和触知觉通过不同的协同体现出的人类心理现象。数字产品最能影响人类的视知觉和触知觉。

注意是指大脑对接收到的事物刺激进行选择性加工，从而忽略其他刺激的过程。人的注意具有选择性、持续性、转移性、分配性等特征。这些特征无疑会影响以用户为中心的数字产品设计，如何引导用户的注意力、提升用户的使用效率是数字产品设计的中心问题之一。

信息加工理论认为人的记忆过程就是对接收到的外界刺激进行编码和存取的过程，只有被编码的信息才会被大脑记忆。记忆过程有四个阶段，即识记、保持、回忆和再认。根据持续的时间，记忆可分为瞬时记忆、短时记忆和长时记忆。瞬时记忆的持续时间非常短暂，只有少量信息被存储到大脑；短时记忆的存储容量是指大脑在短时间内接收外部刺激时，能存储的有效信息的最大容量；长时记忆的存储时间比瞬间记忆和短时记忆长，并且大脑存储的容量也比前两者大。同样，人类记忆行为的这些特点无疑会影响以用户为中心的数字产品设计。在设计数字产品时，设计者可以根据设计目标，提前设定适合的记忆类型。

（二）符号加工

符号加工把人的认知过程比作计算机的运算过程，强调知识对行为和认知活动的决定作用，强调认知过程的整体性研究，并把"心理活动像计算机运算"作为其隐喻基础，采用计算机模拟的方法，对知觉、注意、记忆及问题解决等认知问题进行模拟研究。

符号加工把人的内部心理过程比作计算机的运算过程。计算机能够接收符号，对符号进行编码，对编码输入进行决策、存储符号并给出符号输出，这些过程与人类接收信息、对信息进行编码和记忆、进行决策、变换内部认知状态、把认知状态编译成行为输出的过程十分相似。计算机的运算过程与人的认知过程的类比只是一种水平类比，即通过计算机程序描述人的内部心理过程，这种类比主要涉及人和计算机的逻辑能力，而不涉及计算机硬件和人脑的类比。

符号加工强调知识对行为和认知活动的决定作用。它特别强调人脑中已有的知识和知识结构对人的行为和认知活动的决定作用，人的行为和认知活动都是在以往知识经验的基础上形成的。符号加工主张用一张激活的图式来指导知觉，并用图式来表示人对外部世界已经内化的知识单元。一旦图式被激活，其能使人们产生一种内部的知觉期望，并指导感觉器官有目的地搜寻特殊形式的信息。

符号加工重视心理的综合特点，强调各种心理过程的相互联系，认为各种心理过程是相互作用、相互制约、有机联系在一起的统一整体。

在符号加工理论中，当外部物理世界的客观刺激作用于人的神经和认知系统后，其就会得到进一步的加工和处理。但由于人们不能同时对所有进入认知系统的刺激信息进行加工和处理，因此，人们在转换刺激信息的过程中就会对其进行删减，从而保证能够集中精力对需要进行加工和处理的刺激信息进行精加工。经过精加工的信息会被保存下来，并在人们需要的时候被提取出来运用到解决实际问题的过程中。符号加工就是通过感觉输入的转换、删减、精制、存储、提取和使用过程来加工和运用信息的。

（三）联结主义

联结主义模型将"心理活动像大脑"作为其隐喻基础，该模型是由人工神经元及其动态联结构成的动态网络系统。联结主义是一种计算的研究取向，它和传统的、同人工智能相联系的符号加工范式不同。联结主义不具有由加工器来解释的存储程序，也不对数据结构起作用。联结主义模式的基本构成包括单元和联结。单元是指具有活性值的简单加工器；联结是指单元之间的中介，也被称为网络。联结都是有权重的，并且有正、负之分。联结的权重决定了联结的重要性及联结对单元的影响程度。

在联结主义模型中，知识被储存在单元中，单元的激活表征将引起其他单元新的激活模式。同符号主义相比，联结主义试图构建一个更接近神经活动的认知模型，该模型对神经事件进行抽象表象的程度更低，与实际的神经事件更加相似。联结主义认为认知并不能用符号运算的规则进行解释，认知是由相互联系的、具有活性值的神经单元构成的网络的动态整体活动，这种网络所实现的整体状态与对象世界的特征基本一致，联结主义模型虽然包含很多神经节，但神经节并不起多大作用。联结主义模型认为信息是神经节的激活模式，信息并不存在于特定的地点，而是存在于神经网络的联结权重里，人们通过调节权重就可以改变网络的联结关系，进而改变网络的功能。

（四）生态学

认知心理学的生态学研究将"人的生活经验和生活历史"作为其隐喻基础，主张在现实环境中研究人的心理和行为，认为认知不会发生在文化背景之外，而是以人所从事的各种活动为基础。认知心理学的生态学研究强调人与环境动态交互的过程，尤其是生态环境中具有功能意义的心理现象。

受机能主义和格式塔心理学的影响，认知心理学的生态学研究否定在人为环境中研究认知现象的价值，否定实验室研究和计算机模拟的可靠性，淡化理论假设、实验设计和心理机制的还原分析；而是强调在现场探索心理过程的影响因素和特点，重视对生活情境中认知现象的直觉、描述和解释。这都在一定程度上克服了符号加工和联结主义的明显缺点，预示着认知研究的现象学回归，使认知研究走向更广阔的空间。因此，认知心理学的生态学研究未来必然会得到加强。在当代认知心理学中，生态学研究已经成了一种取向。这种取向直接导致认知心理学开始重新关注更具现实性的认知现象，使研究尽可能贴近人们的实际生活，减少研究情境的人为性。

认知心理学的生态学研究主张在日常生活的实际状态中研究认知，要求将认知与整个环境联系起来考察。这避免了心理学研究中的非人性化现象，有利于人与环境的协调发展。同时，由于认知心理学的生态学研究主张把认知与现实生活结合起来研究，因此在技术层面上也为在现实生活中研究认知提供了可能性。但是，认知心理学的生态学研究过分重视和强调环境的作用，忽视了人在认知过程中的主观能动性，这一点值得注意。

二、认知对数字产品设计的影响

互联网和数字化给当代数字产品设计带来的最大变化，就是使其从传统的以功能性和可用性为主的设计转变成以用户体验为主的人性化设计。数字产品设计的重心从"产品"转移到"人"，关注人在数字产品设计、生成和使用过程中的作用，尤其关注人使用数字产品的体验。因此，如何提高用户使用数字产品时的满足感和愉悦感，成了数字产品设计的重心。满足感和愉悦感就是人的感知觉体验。因此，数字产品设计离不开认知心理学有关理论和方法的指导。

（一）信息加工与交互设计

交互设计在新的数字产品需求下应运而生。所谓交互设计，就是设计人与一切事物的交流方式，方便人们生活与工作，其直接结果就是交互式产品。交互设计包括实际的物质方面的设计，也包括虚拟的非物质方面的设计。在本质上，交互设计即信息加工。

交互设计以用户为中心进行，界面的信息内容、符号、图形及其整体表现要与用户对外界事物感知的知觉习惯相吻合。人的视觉对事物的感知是存在一定条件的，因此，交互设计中的元素应该是能够引起人视觉感知的元素，如果元素构成模糊、辨认难度高，就很难产生理想的效果。同样，因为人对事物的关注时间较短，所以交互界面应显示最小的信息量。每个界面的信息应该精练、简洁、清晰和有用，并且因为人的视觉敏感区在界面左上角，所以重要的信息应该被自上而下、自左向右排列，每个小区域所放置的信息数量也要被控制在合理的范围内。

当然，人的记忆有特点，在多数情况下人们只会对已存在记忆的事物敏感，因此，交互设计多使用常识性的符号和语言。由于用户在第一次使用新数字产品时可能不会取得成功，因此新数字产品要对用户每次的尝试性操作给予信息反馈并显示结果，通过信息反馈让用户更明确自己的操作。

（二）符号加工与数字产品构成

符号加工认为无论是人还是计算机都通过操纵符号来加工信息。符号是一种模式，其功能是代表、标志和指明外部世界的事物，它不但能标志外部事物，而且能标志信息加工的操作。符号加工系统得到某个符号就可以得到该符号所代表的事物，或进行该符号所标志的操作。在数字产品设计中，符号加工系统通过感官多维化互动来表达符号，不仅能对数字产品的动作进行反馈，还能反馈气味。这种形式让数字产品更加生动化，使用户的体验过程更加情感化和人性化。

（三）联结主义与数字产品设计方法

联结主义模型如神经网络一样具有许多节点，每个节点存储一定数量的元素，不同的节点相互连接进行信号的传递。该模型能并行处理信息，节点之间的信号传递可以同时发生。不同节点之间的信号具有不同程度的联系，相同节点之间的信号在面对不同的情况时也有区别。认知是基于过去经历的重建，而非简单的回忆和再现。根据联结主义模型的特性，一种数字产品设计方法——联结网络法被构建出来，其核心是通过设立新的联结，调节数字产品基本属性之间联结的强弱程度，从而改变人们对数字产品的固有认识。这种方法先抽取数字产品原有设计的基本属性，用字母 A 表示；将 A 设为原有联结，在原有联结 A 的基础上构建新联结，用字母 B 表示；在数字产品自身的基础上引导或构建新联结，力求改变强度最大的原有联结。该方法关注数字产品设计的构思方法，通过恢复、增强、修改原有联结，为人们习以为常的、单调的数字产品增添情感因素，进而为消费者和用户创造积极的情感反应和情感共鸣。这也可以在一定程度上帮助数字产品摆脱同质化困境。

（四）生态学与数字产品情境

在生态学的视角下，数字产品设计的关注点不再集中于数字产品的形态、功能、色彩和材质等，而是综合考虑数字产品与人、社会和环境的相互作用。随着数字化社会的到来，信息传递变得更加方便快捷，信息传递的范围越来越广，能够被共享的资源也越来越多。但是，同质化现象也越来越严重，这阻碍了设计生态的发展。生态学更加强调数字产品设计与用户的动态联系及情境建设。

📖 扩展阅读：认知卸载

用户注意是一种宝贵的资源，为了使用户体验流畅、愉快，设计者需要尽力帮助用户减轻工作记忆的负荷。这就像当电脑装了太多软件而运行不畅时，我们需要卸载一些软件来腾出空间。交互设计的核心任务之一，就是减少用户的心理操作和认知负荷，把用户实现目标的交互成本降到最低。在数字产品的设计过程中，会让用户增加认知负荷的因素如下。

- 不传达任何含义的元素和样式。
- 需要用户四处寻找所需信息。
- 需要用户仔细阅读的内容。
- 滚动页面，或单击、滑动、双击等动作。
- 文字或语音输入。
- 页面加载和等待的时间。
- 注意转移。
- 需要用户回忆才能完成的任务。

在不同的情境下，这些因素对认知负荷的影响并不相同。例如，有阅读障碍的用户可能会觉得阅读比点击更难，而有运动障碍的用户可能会觉得点击比阅读更难。再如，用户在连接到高速网络的台式机上加载高清视频可能没有困难，但在网络不稳定的移动设备上加载高清视频可能需要很长时间。

第四节　用户体验

一、用户体验的发展

（一）用户及其影响

用户是数字经济的核心力量。目前，我国的数字用户规模已经突破 10 亿人，日均活跃用户有 9.8 亿人。那么，用户究竟是谁？按照通常的理解，用户是数字产品、技术和服务的使用者，用户体验则是商业竞争的三大动力之一，其他两个动力是商业模式和技术。当商业模式和技术没有太大差距的时候，用户体验就是推动商业发展的最重要的动力。将用户看作使用者，其实是从产品的角度而言的。从这个角度来看，尽管在"使用"这一框架下，"用户"的含义相对稳定，但是"用户"的种类繁多，且处在不断的变化中。例如，计算机用户、互联网用户、移动互联网用户等概念都会随着技术和时代的发展而不断变化。从数字产品的角度来看，特定数字产品的用户群如摩托罗拉手机用户看似消失，其实不然，这些用户群会随着数字产品形态和功能的变化而变化。

从"用户"自身来看，用户是基于需求的人的集合，用户随着内外部场景的变化而变化。从这个角度分析用户，即从社会角色、需求场景出发对用户进行分类。社会角色是指在社会系统中与一定社会位置相关联的、符合社会要求的一套个人行为模式，可以被理解为个体在社会群体中被赋予的身份及该身份应发挥的功能。具体而言，社会角色包括职业、行业、区域和技术级别等，如军人、农民、知识分子、政府公务员等。需求场景是指使用行为发生的环境，例如，在买卖行为中产生了买方、卖方和中间用户等。

从设计的角度来看，"用户"是一种围绕数字产品环境，有着相近数字产品文化、认知度和需求的产物。

（二）用户体验

用户体验（User Experience，UX）是用户内心的感知与具有复杂性、目的性、可用性的系统在特定使用环境下产生的结果。国际标准化组织（International Organization for Standardization，ISO）将用户体验定义为"用户对系统、产品或服务的使用和预期使用所产生的感知和反应"，并认为用户体验包括用户在使用前、使用中、使用后的所有情绪、信念、偏好、感知、生理和心理反应、行为及成就。该定义解释了可用性与用户体验的关系。在一定程度上，可用性和用户体验是重叠的。可用性包括实用性和用户体验，用户体验更关注系统的实用性及用户在享乐方面的感受。

为了更好地理解用户体验，了解其发展历程是必要的（见图1-4）。用户体验的早期发展可以追溯到考虑布局、颜色、材质等环境因素的中国古代风水。当人类文明进入20世纪，受机器时代知识框架的启发，人们开始为提高生产效率和产量而不断改进生产工艺。弗雷德里克·温斯洛·泰勒（Frederick Winslow Taylor）提出系统管理方法以提高工作人员和工具的交互效率。亨利·德莱福斯（Henry Dreyfuss）首次提出用户和用户设计的概念，认为当产品与人的接触点成为摩擦点时，设计就是失败的。

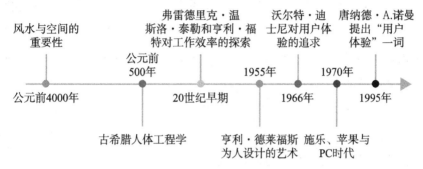

图1-4　用户体验的发展历程

用户体验设计（User Experience Design）是一种以用户为中心，根据用户的具体需求，让用户的使用感更好的设计。体验作为核心贯穿于整个数字产品设计的始终。以用户为中心包括用户与数字产品交互过程中的感官舒适性体验、交互简洁性体验和情感愉悦体验。体验基于用户的主观感受，因此，好的数字产品不应该只在功能上表现出众，而应该为用户服务，设计者在设计数字产品的过程中应该考虑用户的心理需求和当今社会中的一些普遍问题。

二、用户体验的构成

（一）用户体验的构成要素

要素是指具有共同特性和关系，或对某个确定的实体及其目标的表示。这些实体和目标是构成要素不可缺少的因素，也是组成系统的基本单元，具有一定的层次性。用户体验具有基本的构成要素，如用户情感、用户心理状态及产品特征和性能等。这些要素不仅相互关联，而且相互影响。杰西·詹姆斯·加勒特（Jesse James Garrett）提出的用户体验要素被使用得最多，他认为用户体验包括五个层次，自下而上分别是战略层、范围层、结构层、框架层和表现层。

在战略层，开发者需要确定产品的总体目标、目标用户及用户的需求，也就是产品本身和用户想通过该产品分别得到什么。战略层关注的内容来自两个方面：一是产品目标，它来自开发者，表达开发者希望产品实现什么样的目标；二是用户需求，它来自产品的目标用户群，表达用户期望通过使用产品达到什么样的目的。

开发者需要结合两个方面的信息来制定产品目标：一是内部信息，包括开发者的技术水平和商业目的；二是外部信息，包括其他产品信息和市场发展现状。为了避免产品被设计得过于理想化，开发者首先要确认产品的用户，通过细分用户建立目标用户群的典型用户画像，每一个用户画像都代表一类具有某种共同特征的用户；其次，开发者要明确"用户的需求是什么"，这需要开发者在前期从用户的角度审视产品。

在范围层，开发者主要关注产品的功能和内容，该层次将战略层的产品目标和用户需求转变成产品的功能和内容来满足用户的需求。范围层要素由战略层要素中的产品目标和用户需求共同决定。开发者关注产品应实现哪些功能，如何对功能进行排列组合。在产品进入开发阶段之前，开发者要明确产品需要具备哪些功能，以及不需要具备哪些功能。这意味着开发者需要对目标用户进行调研，确定用户希望产品具备哪些功能，以及功能之间的优先级别。对于优先级别较高的功能，开发者应进行重点展现；对于优先级别较低的功能，开发者应根据具体情况进行展现，或在后续的产品版本中用迭代优化的方式进行展现。

在结构层，开发者要关注呈现给用户的选项模式及顺序，考虑应如何对提供给用户的功能和内容进行排序、组合，如何将信息元素进行合理的排列分布，以便给用户带来较好的结构化交互体验。在结构层，开发者的目的是通过对产品功能点与信息架构的优化组织与设计，让用户感受到顺畅的优质体验。通过对结构层要素的思考，开发者可以减小产品的体验阻力。流畅的人机交互有利于增加用户的使用黏性，让用户很自然地从一个功能或页面到达另一个功能或页面。

在框架层，开发者要明确用什么形式将产品呈现在用户面前，即确定产品的界面和导航。框架层各元素的布局既要追求易用和好用，又要兼顾使用效率，并伴随着产品的更新与换代，逐步提升用户体验。好的产品设计需要对用户的信息行为进行科学的组织，以便用户能与产品进行较好的交流。

在表现层，开发者要将产品的功能、内容和美学方面的信息整合在一起，展现最终的设计结果，通过视觉语言满足前面四个用户体验层次的所有目标。表现层要素是指用户在使用某个产品时看到的产品外观、颜色和材质等，这些用户体验要素是最容易被用户感知到的。在表现层，开发者的目的通常是用产品的基本外在属性去吸引用户，让用户更好地感知产品。表现层的设计范围很广，图片、颜色、文字都可以直接或间接地影响用户的行为。

以上五个层次为产品设计提供了一个基本框架。在这个基本框架上，我们才能讨论用户体验这个问题。

（二）用户体验地图

用户体验地图是了解用户与产品、服务或系统之间复杂的交互和体验的一种研究思路与方法。它可以定位和描述在一个完整的服务过程中用户在每个阶段的所做、所思、所想和所感，并将这些信息用图形化的方式表现出来。在数字时代，用户往往不会从单个具体的功能出发看待产品体验，而是从多个因素、多个场景、多个接触点出发综合看待产品体验。从单个具体的功能出发看待产品体验是片面的，很难让用户拥有全局视角。通过体验地图，设计者能比较直观地了解用户在使用产品时的全流程和单个功能的体验效果，从而对用户体验进行全局的规划。

用户体验地图也被称作使用者旅程图，是用户使用产品或某个具体功能时的操作流程、期待、目标、问题、情绪等内容的可视化表达。用户体验地图能让设计者更清晰直观地了解用户与产品本身或系统在各个阶段的接触点，以便评估现有产品的体验效果，探索更好的设计方法，从而提升产品的使用体验。根据关注因素的不同，我们可以对用户体验地图的内容进行适当的取舍。创建用户体验地图的操作步骤如图1-5所示。

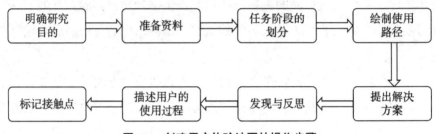

图1-5　创建用户体验地图的操作步骤

在创建用户体验地图的过程中，我们要根据定义好的用户角色创建属于该角色的用户体验地图。由于数字产品的用户较为广泛，因此对于不同的用户，我们需要制作不同的用户体验地图，并从中提取重合的部分作为改善数字产品现存问题的关键点。在划分任务阶段，我们可以把一个关键的动作或操作结果确定为任务；在描述用户的使用过程时，我们尽量选择精练的词语或短语，用一个短语描述一种状态，注明用户的每个行为和每种情感的重要程度，以便为后续挖掘数字产品的使用痛点提供参考。用户体验地图并不是一种独立的研究思路与方法，在前期，它需要以大量的材料为基础。

用户体验地图的价值包括：从用户视角审视体验过程，可视、易懂、好看；设计者的参与感很强，有利于进行情感化的设计；能够更好地定位、评估产品存在的问题。因此，在数字产品设计的不同阶段，用户体验地图的应用也有不同的侧重点和意义。

在数字产品设计准备阶段，设计者可以通过用户体验地图完成目标用户的画像，分析目标用户在现有流程中需要完成的任务、达到的目标，以及各个阶段的行为方式和情感体验，以便确定设计方向，触发创意和发掘新观点。数字产品设计实践阶段的主要任务是设计可行的方案，在这个阶段使用用户体验地图可以有效地获取用户心智模型。另外,用户体验地图可以由多人参与,可以让所有人横向梳理数字产品的操作流程,以便促进跨部门、跨角色合作。数字产品设计评估阶段的主要任务是验证设计方案,评估设计任务的完成效果,在这个阶段使用用户体验地图可以为数字产品设计提供一个整体视角,以便设计者从全局角度观察数字产品的优势与缺陷。另外,设计者使用用户体验地图能够精准地锁定数字产品引发用户强烈情绪反应的时刻,同时找到最适合重新设计和改进的地图节点。用户体验地图可以清楚地梳理出用户在某项任务或服务流程中的多维度行为,帮助设计者清晰地了解用户与数字产品、服务和系统交互时的体验,给数字产品设计提供较多的优化机会点。

第五节 情感化设计相关理论

一、情感的概念

(一)情感的定义

情感是一种情绪感受,是当外界事物作用于个人时产生的一种生理反应,是由需求与期望决定的。人们在生活中会有快乐和悲伤的情感。特定的环境、人、地方和事件对自己也会有特殊的意义和情感,情感是人们与过去和未来的联系。心理学认为情感就是主体对外界事物能否满足自身需求而形成的体验与态度,是主体对客体事物作用于自己时所形成的一种心理反应,主体的需要和期望在该反应中起决定性作用。在现实中,情感包括不同的心理和生理状态,每种状态都有不同的特点,它们会对人们的各种行为方式产生不同的影响,如专注、决策、行为和自我呈现等。

（二）情感的产生与影响

在通过身体的各种感官获得信息后，人们可以再次感受到已经接触过的物质对象或获得的感官感受。这些感官感受包括视觉、触觉、嗅觉、听觉、味觉和本体感受。大脑可以将通过感官获得的信息与体验到的感觉联系起来，在时间的作用下逐渐形成一种条件反射，从而促进情感的产生。

这种由刺激产生的情感反应的本源并不是事物本身，而是人们对某个事物或某种体验的内在关注。这意味着事物的属性将强烈影响用户接收并再现意识信号。现代心理学研究认为，情感的产生受到三个因素的影响：环境因素、生理因素和认知因素，其中认知因素是影响情感产生的关键因素。

情感可能导致人的意识、脸部表情、肢体语言、生理功能和行为等发生改变。情感和其他情感状态（如情绪）会在用户与人、事、物互动的过程中对其产生影响，包括影响问题的分析、解决方案的制定等。

二、情感化设计

情感化设计的理念最初由美国学者唐纳德·A. 诺曼（Donald A. Norman）提出，即情感化设计是为了满足用户的物质需求和情感需求。满足物质需求是指对产品功能进行设计，实现产品的可用性和易用性；而满足情感需求是指针对用户的特点对产品进行个性化设计，满足用户心理层面的愉悦感。

在进行情感化设计时，人们应重点考虑该产品带给用户的情感感受和体验感受。在用户对产品的基础需求得到满足后，设计者应进一步思考如何满足用户行为及反思水平方面的需求，以便实现以人为本的产品设计，使产品和用户的情感相互交流。情感化设计强调以人为本，用更人性化的设计将人与机器更好地结合起来。当下情感化设计的应用领域越来越广泛，依据的情感理论包括 Desmet 情感模型、感性工学和情感层次理论等。

这三个理论的侧重点不同，Desmet 情感模型主要针对用户对产品的潜在需求，感性工学主要针对用户情感和感受的量化，情感层次理论则针对在情感化设计的过程中每个元素与用户情感的关联。

（一）Desmet 情感模型

在情感化设计的过程中，Desmet 情感模型主要以更深层次的情感需求为设计要素。该模型从基本的情感需求出发，通过两个重要的变量——刺激因素和关注点，对数字产品设计进行分析，认为数字产品需要从物体、行动和身份三个方面对使用群体进行情感刺激，然后确定关注点即目标、标准和态度。刺激因素和关注点这两个部分构成了产品的情感九源矩阵。情感九源矩阵从基础的为需求而设计的层次上升到为取悦而设计的层次，再上升到为启发而设计的层次，具体如图 1-6 所示。

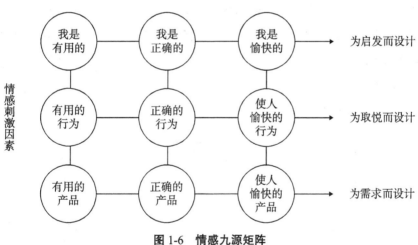

图 1-6　情感九源矩阵

（二）感性工学

感性工学是将感性与工学相结合的技术，也是一门新兴的工学学科。它运用现代化技术对人们的感知进行量化分析，了解人们的喜好，然后针对人们的喜好制造产品，从而将感性转化为感性价值。"感性工学"的英文表述为"Kansei Engineering"。"Kansei"来自日语的"感性",是由日本广岛大学的研究人员首先提出的。他们将工学与感性相融合的方法融入住宅设计领域,以考虑居住者的感性需求为开端,研究如何将居住者的感性需求量化成感性工学技术。此时的感性工学被称为情绪工学。随后,日本制造业的生产模式逐渐发生了质的变化,为了满足用户需求而大量制造的时代渐渐消退,被一种基于用户情感需求的"感性时代"代替。日语中的"Kansei"比"情感"的意义广泛,它意味着心灵的感受、审美感受和品位等。而这样的感性也是一个动态的过程,随着时代、潮流和个性的变化而不断变化。感性工学通过现代化技术对人们的感性进行测定、量化和分析,掌握当下人们的情感需求,基于人类感性层面对数字产品进行相应的设计,使用户得到可以满足自己情感需求的数字产品。

感性工学用工学的手法将感性的数据进行量化,形成感性量,从中找到感性量和工学含有的物理量之间的函数关系,并将其作为工程研究的第一步;然后将难以量化的用户感性需求转化为数字产品设计元素,帮助设计者更全面地了解用户的感性需求,也帮助用户识别并表达自己对数字产品的感性需求;最后以用户的感性需求为依据来设计数字产品。感性工学系统如图1-7所示。

图 1-7　感性工学系统

(三)情感层次理论

唐纳德·A.诺曼从认知心理学的角度揭示了人具有本性的三个特征层次,即本能层、行为层和反思层,指出情感和情绪对决策的重要性,并进一步阐述了情感在设计中的重要地位和作用，强调从三个层次设计数字产品将会引起用户的惊喜。他认为，本能层发生在意识和思维之前，即人类看到产品的第一感受，这种感受受到产品外观、质地和色彩等外在因素的影响；行为层注重产品功能、效应和性能；反思层通过产品的整体形象带给用户长久的感受，是人类意识、思维和情绪的最高水平反映。虽然反思层常常在本能层和行为层之上，但它并不是单独存在的，会受到其他层次的影响，产品设计需要保证三个层次的平衡。

　　本能层是指人的感官直接接触产品后产生的本能的生理反应，无论是好的感受还是不好的感受都属于自然的反应。本能层主要通过人的五官来感受外界刺激，形成感官体验，进而唤起用户的共鸣，视觉常常是五感中最先与产品接触的部分。本能层的设计需要增强产品外观、质感和触感等外部设计效果，让用户在看到产品的一刹那就觉得产品好看，激发用户购买和使用的欲望。

　　行为层是指产品可用、易用和易懂等物理感觉。这是用户关注最多的部分，主要涉及产品的功能，如操作简单顺利、设计符合人们使用习惯的易用性和可用性等。在理想的状态下，产品表现模型和用户心智模型完全相同。但事实上，由于设计者无法与用户直接进行沟通，只能通过产品表达观点，因此用户会根据产品外形、操作反馈和书面材料等建立心智模型。设计者可以通过功能测试检查产品的好坏，即测试产品功能是否合理、是否满足用户需求，产品是否好用且易用，最终根据测试结果设计出符合用户心智模型的产品。

　　反思层就相对比较复杂了，该层次与用户的长期感受、服务体验、个人感受和交互操作有关，受经验、文化、个体差异及教育因素的影响较大。反思层的设计要满足用户的情感需求，帮助用户拥有良好的自我形象和社会地位。在反思层的设计中，客户关系起着重要作用。一个好的客户关系能够改变用户对产品的消极经历，甚至可以将对产品不满意的用户转化为最忠实的产品支持者。当用户决定购买一个产品时，对产品只有快乐经历的人的满意程度可能还没有那些对产品有不快乐经历但在处理问题时体验到良好服务的人高，这反映了反思层的力量。

综上所述，本能层和行为层是人们在日常生活中看到产品的第一印象和操作体验，反思层帮助用户回忆过去和展望未来，比前两个层次的保持时间更长。反思层的设计是长久的，是用户对产品价值和情感的认可，有助于增强用户黏性。

·思考题·

1. 如何理解数字产品设计随时代演变而变化这一观点？

2. 如何在一个更广的范围内理解认知和情感？

3. 如何划分用户类型？可以依据哪些理论？

第二章

数字产品及其设计的特征、类型与发展

第一节 数字产品

一、产品与数字产品

产品如工业产品、农产品、电子信息产品等是具有某种功能的有形物品。现代产品理论认为，产品不但包括有形的物品，还包括无形的服务。基于生产者的视角，产品由核心产品、形式产品、附加产品三个层次构成。核心产品是指生产者向消费者提供的产品的基本效用或利益，也是消费者想从产品中获得的服务。形式产品是指产品的基本形式，包含品质、式样、特征、商标及包装五个因素。附加产品是指生产者向消费者提供产品时所附带提供的利益，即产品的增值利益，如安装、售后、质保等。基于生产者和消费者的双重视角，产品由核心产品、一般产品、期望产品、附加产品、潜在产品五个层次构成。一般产品与三层次理论中的形式产品含义相同，期望产品是指消费者在购买产品时期望得到的一整套属性和功能，即对产品属性和功能的心理预期。潜在产品是指包括附加产品在内的现有产品，以及可能发展成未来状态的产品，也就是说潜在产品指出了现有产品可能的演变趋势。三层次理论和五层次理论的产品构成如图2-1所示。

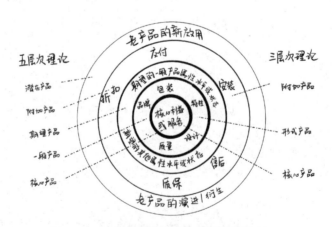

图 2-1　三层次理论和五层次理论的产品构成

　　基于五层次理论的产品构成，如果对"手机"这一产品进行分析（见图 2-2），我们不难发现，"手机"的核心产品是其提供的基本服务——通信功能。一般产品中的质量是指做工和材质，设计是指不同的尺寸和颜色，特性是指存储容量、屏幕分辨率，品牌是指小米、华为等，包装则特指包装盒。不同用户群对手机产品的期望不同，喜爱拍照的用户期望手机的摄影功能比较好，易摔手机的用户期望手机的防摔功能比较好。送货上门、全国联保等都属于手机的附加产品。未来，手机可以更加自动化地帮助人们解决生活中遇到的问题，甚至可能变成小型机器人，这就是手机的潜在产品。

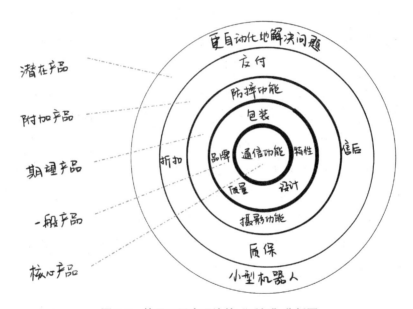

图 2-2　基于五层次理论的"手机"分析图

　　简而言之，任何能够满足人们某种需求的有形物品和无形服务都是产品。数字化是信息技术高速发展的产物。现阶段新兴的数字技术在学术界常被用"ABCD"来表示，具体包括人工智能（Artificial Intelligence）、区块链（Block Chain）、云计算（Cloud Computing）和大数据（Big Data），如运用 4G、5G 网络技术进行的大规模的数据传输，运用云计算进行的大规模的数据存储，运用人工智能中的语音识别、视觉识别、语义识别等技术进行的大规模的数据计算等。数字技术将所有的信息基于二进制转换为 0 和 1，从而达到信息同质化的目的，使数据具有可重复编程性和可供性。狭义的数字化是指基于数字技术将模拟信号转变为数字信号的过程。广义的数字化是在此基础上更加强调数字技术与产品、流程、组织和商业模式的融合。本书所指的数字化正是广义的数字化。产品经过数字化后，由于数字化程度的不同，可能以数字形态存在，也可能只具有数字性质，整体仍为实物形态。

从数字经济的视角来看，数字产品是数字经济的核心，是指在数字经济中交易、被数字化（即编码成一段字节），并且通过网络传播的事物；从税法的视角来看，数字产品是被数字化的信息产品，是信息内容基于数字格式的交换物；从跨境贸易的视角来看，数字产品的界定由简单的"内容产品""电子交付产品"的描述向更具体、更符合实践的描述转变。根据当前的主流观点和主导性的自由贸易协定（Free Trade Agreement），数字产品被定义为两种类型：第一种类型是通过有形载体流通的数字信息，第二种类型是通过电子传输的无形数字产品。

本书所指的数字产品是指一切不具备物理形式，以数字形式存在并提供价值的产品。在一定程度上，数字产品可以转化为实物产品，如将电子书打印转化为纸质图书。在此意义上，数字产品包括在线课程、电子图书、在线音乐、视频、App、播客等。从设计的角度来看，数字产品是指通过屏幕与用户产生交互行为并进行信息传递的产品。

二、数字产品的特征

基于设计、生产和使用的角度，所有的数字产品都具备五个基本特征，即不易破坏性、可改变性、可复制性、可计算性和快速传播性。

（1）不易破坏性。数字产品与实物产品有所区别，一旦被设计、生产出来，不会轻易随着使用时间和使用次数的增加而遭受损坏。数字产品的质量相对稳定，用户可以长期使用数字产品，不需要经常购买。

（2）可改变性。数字产品的可改变性体现在三个方面。一是数字产品需要根据用户的需求增加功能来满足不同用户群的业务需要。二是数字产品往往通过不断对现有版本进行升级换代来吸引更多的用户。三是用户可以对赋予其修改权的数字产品进行一定的修改和组合，从而改变数字产品的式样。

（3）可复制性。作为无形产品，数字产品基本都可以以低成本或恒定成本被复制、存储和传输。例如，有形的唱片必须被生产、运输和销售后才能被用户使用，而数字音乐可以通过播放器在任意时间、任意地区，被任意数量的用户听到。

（4）可计算性。数字产品及其被检索、浏览和使用等的情况都可以被详细地记录和计算。例如，音乐播放器不仅能记录播放过的音乐，还能记录用户的使用行为；不仅能统计和分析音乐本身的特征，还能识别用户的偏好、使用行为，分析用户需求并预测新的音乐内容或类型。数字产品的可计算性是其数字化表现的重要特征。

（5）快速传播性。数字产品通过互联网可以在很短的时间内进行跨地区、跨用户的传播、交换和共享，具有非数字产品无法比拟的速度优势。例如，用户在很短的时间内通过网络就可以完成数字产品或服务的货款支付和产品交付。数字产品的快速传播性大大降低了用户等待的时间成本。

三、数字产品的类型

对数字产品进行分类，明确数字产品的差异性，是理解、设计和创造数字产品的必然过程。

数字产品在被正式采用之前期望通过测试了解用户的使用程度，同时，构成数字产品的物体或活动在大小、比例、细节的等级或穿透深度方面存在不同，这体现了数字产品的可分割性，而高分割性的数字产品可以提供更多的差别化服务。根据这些可测试性和粒度特征，数字产品被划分为工具和实用产品、在线服务类产品及基于内容的数字产品三大类。工具和实用产品是指能够帮助用户完成特定目标和任务的数字产品，如杀毒软件、即时通信软件等；在线服务类产品是指通过连接服务器访问在线资源来协助用户完成特定目标的数字产品，如在线咨询服务、在线游戏等；基于内容的数字产品是指表达一定内容的数字产品，如数字新闻、电子书、数字电影和云音乐等。

一般而言，人们往往根据被呈现的形式将数字产品分为网站和移动应用程序，也从这个角度区分数字产品用户。从用户类型的角度来看，数字产品包括面向消费者的数字产品和面向企业的数字产品。顾名思义，面向消费者的数字产品主要为广大普通用户设计，侧重点是用户体验，关注点在于如何让用户更愿意使用数字产品。开发此类数字产品的目的是解决消费者的问题，典型代表有长短视频、在线招聘和在线游戏等。面向企业的数字产品专门为企业用户设计，这类产品的侧重点是商业价值，其功能逻辑和信息架构相对烦琐和严格，关注点在于如何保护好企业的隐私和关键信息、如何提高企业的工作效率和经济效益，典型代表有专业管理软件、商务智能软件、专业性的信息系统等。

因其可复制、快速传播的特征，数字产品很难持续地留住用户，因此，如何满足用户需求、建构良好的用户体验成了衡量数字产品好坏的重要标准。以用户对数字产品的需求和体验为基准，数字产品往往被分为功能型和情感型两大类。功能型数字产品强调使用功能，设计的着眼点是结构的合理性，设计的重点是功能的完善和优化，视觉设计依附在实现功能的基础上，不过分追求形式感，如在线招聘、远程教育等。情感型数字产品除了具备一定的功能，还必须具备能表达情感状态特征的要素，着眼于人们的内心情感需求和精神需求，使人们获得愉悦的审美体验，让生活充满乐趣和感动，如网络游戏、音视频产品等。

第二节 数字产品的发展

从 1837 年电报的诞生到 1875 年电话的发明，再到 1904 年电子管的发明，电子产品成为近代科学技术快速发展的重要标志。进入 20 世纪后，电子技术经历了电子管、晶体管、集成电路、中大规模集成电路及超大规模集成电路五个重要的发展阶段，深刻地影响了人类工业化、信息化和数字化的发展进程。正是在这个进程中，数字产品逐渐代替电子产品成了影响普通人日常生活的主流产品。其中，1925 年电视机及 1951 年录像机的出现，使信息、知识和娱乐普及到大众；1946 年第一台电子计算机的诞生和 1985 年第一台笔记本电脑的正式问世，使商务活动、日常工作及其他业务处理成为普通操作；1973 年手机、1998 年第一台 MP3 播放器及 2010 年 iPad 的出现，意味着电子产品在电路和结构上产生的巨大飞跃使产品走向了轻便化、数字化，这些产品与同时出现的大规模的移动应用一起全方位地改变了人们的交流方式、商业模式、工作流程及娱乐休闲内容。

互联网自 20 世纪 90 年代开放商用后获得迅速发展。各种基于互联网的数字产品不断涌现，由早期的信息浏览、电子邮件发展到网络娱乐、信息获取、交流沟通、商务交易、政务服务等涵盖人类全方位社会生活的多元化应用。总而言之，互联网的三个发展阶段如表 2-1 所示。

表 2-1　互联网的三个发展阶段

阶段	特点	内容创作	内容控制	身份掌握	收益分配
Web 1.0	中心化，阅读式互联网，用户仅仅是接收方，不参与内容的创作与分享	平台	平台	平台	平台
Web 2.0	中心化，可读写式互联网，用户既可接收内容，也可参与内容创作	平台/用户	平台	平台	平台
Web 3.0	去中心化，智能互联网，无须中心平台。用户既可接收内容、创作内容，也可获得创作带来的价值	平台/用户	平台/用户	平台/用户	平台/用户

第一代互联网（Web 1.0）是阅读式互联网，特点是平台向用户单向传播信息，网络的编辑管理权限掌握在开发者手中，用户只能被动地接收信息。Web 1.0 的数字产品有网络新闻、在线搜索、电子邮件、即时通信等。20世纪90年代末期诞生的门户网站如 Yahoo、Lycos、网易和搜狐是 Web 1.0 阶段的典型数字产品。

第二代互联网（Web 2.0）是可读写式互联网，特点是用户不仅可以获取信息并转发、点赞和评论，还可以生产内容，如发布文字、图片和视频等。Web 2.0 阶段的数字产品和服务主要有社交网络、短视频、网络直播、电子商务和网络金融服务等。此阶段的典型数字产品是由用户生成内容的社交网络平台，如博客、Twitter、Facebook 等。我国互联网在此次浪潮中也诞生了很多经典的数字产品和服务，微博、微信、短视频 App 及大规模发展的电子商务平台在相当程度上改变了普通人的购物、交往、出行和支付等习惯。由此，许多新的数字产品和服务也相继诞生，如快手、作业帮等。

第三代互联网（Web 3.0）是基于区块链技术建立的点对点、去中心化的智能互联网，特点是用户成为互联网真正的创作者与构建者，用户所创造的数据信息与数据资产都将归自身所有。Web 3.0 阶段的数字产品涉及非同质化通证（Non-Fungible Token，NFT）、NFT 交易平台、游戏、工作协作、投资写作及资产证券化等方面。Web 3.0 阶段具有与元宇宙高度重合的网络生态，是人类探索元宇宙世界极其重要的一步。

从电子技术及互联网发展的三个阶段来看，产品不断朝着数字化、智能化、集成化的方向发展。这也导致产品的生产者和用户界限变得模糊，数字产品逐渐走向以用户为中心的快速迭代化。

📖 扩展阅读：Web 3.0 与元宇宙

元宇宙是人类利用科技手段进行链接与创造的、与现实世界交互的虚拟世界，是具备新型社会体系的数字生活空间。在元宇宙中，Web 3.0 生态体现在两个方面。第一，Web 3.0 是基于区块链技术建立的去中心化的网络架构。用户既能接收内容，又能创作内容，还能够获得所创造的数据信息和数据资产。第二，人工智能及 3D 等技术帮助用户在虚拟空间中表达自己。在元宇宙中，用户交互性的虚拟身份与高度拟真空间环境的实现主要依靠人工智能和 3D 等技术。以 METEMASK（见图 2-3）为代表的区块链数字钱包将用户的数字身份与私有财产、个人信息进行高度绑定，数字身份信息被存储在不可篡改的区块链上，由用户自己掌控，而不是被存储在公司的服务器中。在元宇宙中，传统的"一个应用，一个账号"的模式将不再存在。

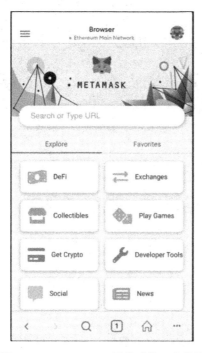

图 2-3　METAMASK 插件功能示意截图

当前，各行各业围绕元宇宙进行持续的探索。游戏凭借其虚拟属性，可以很自然地与元宇宙联系起来，游戏也占据了元宇宙市场绝大部分的份额。作为最火爆的元宇宙游戏之一的沙盒游戏（Sandbox）是一个基于区块链技术开发的虚拟游戏生态系统（见图 2-4）。在沙盒游戏中，所有用户除了可以自由创建属于自己的 3D 资产（如游戏内物品、非玩家角色），还可以体验该游戏的地块模块。每个地块都由一个 NFT 表示，NFT 代表了由区块链支持的数字项目的所有权契约。这些 NFT 为参与者们所有，可以被随意转售和让渡。地块所有者们也可以在自己的数字空间中进行开发建设，如设计聚会场所和互动游戏等。

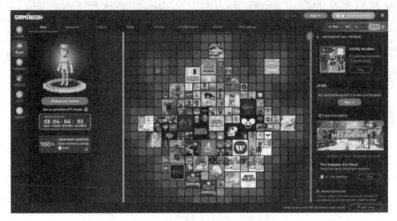

图 2-4　沙盒游戏界面截图

第三节　数字产品设计

一、数字产品设计的含义

产品设计是将某种目的或需要转换为具体的物理形式或虚拟形式的过程，是把计划、规划设想、问题解决的方法通过具体的载体表达出来的创造性活动过程。产品设计不仅需要满足产品特定的目标和约束，也需要考虑与之相关的美学、功能、使用环境、经济和社会政治等因素。而在这些因素中，首要且最重要的因素就是设计思维。设计思维本质上是以人为中心的创新过程，强调观察、协作、快速学习、想法视觉化及商业分析。作为一种思维模式，设计思维不仅需要考虑所设计的产品、服务和流程本身，还需要站在用户的角度实现创新。

数字产品设计作为产品设计的分支，同样具备产品设计的基本内涵和基本的设计思维。数字产品设计在充分理解数字产品的物理与虚拟双重特性的基础上，将以用户为中心作为基本的设计思维，在功能上强调用户体验，在结构上重视产品迭代过程。

二、以用户为中心的设计理念

随着时代的发展，由用户参与的创新设计逐渐渗透到电子产品和互联网产品的发展中。从数字产品被设计、创造和使用的整个生命周期来看，数字产品设计无疑已全面过渡为以用户为中心的设计。以用户为中心的设计也是用户、用户体验及情感化表达的综合要求。

以用户为中心的设计（User-Centered Design，UCD）是指在设计过程中以用户体验为设计决策的中心，强调用户优先的设计模式。唐纳德·A.诺曼认为以用户为中心的设计哲学是指将认知心理学、行为学等多学科的方法应用于设计，并强调设计在人们日常生活中的重要性。这一思想先后进入包括数字产品设计在内的几乎所有的设计领域，并在这些领域获得认可，即以用户为中心的设计是指在所有阶段都将用户列入思考范围，在设计、开发、维护等所有过程中都要考虑用户的使用习惯、需求、体验和情感等。

以用户为中心的设计与传统设计的根本区别在于数字产品与用户的关系，如表 2-2 所示。本质上，传统设计是潜移默化地影响用户心理与行为的设计机制，而以用户为中心的设计是符合用户心理模型和行为习惯的设计机制。

表 2-2　以用户为中心的设计与传统设计的区别

要素	传统设计	以用户为中心的设计
驱动动力	技术驱动：只在项目开始前收集用户数据	用户驱动：在数字产品设计的所有阶段都要收集用户数据，考虑用户感受

要素	传统设计	以用户为中心的设计
关注点	功能与技术的实现	用户需求和体验
协作方法	有限的多学科协作	多学科小组成员紧密协作
设计方法	根据估计和猜测设计数字产品	根据用户需求设计数字产品
用户体验	否	是
用户测评	否	是
优先顺序	数字产品开发先于用户测评	用户测评先于数字产品开发
用户群	只考虑现有用户	考虑现有和潜在的所有用户

（一）设计流程

虽然以用户为中心的设计思想几乎适用于所有行业、技术领域和环节，但是对其进行具象的量化和考核比较困难。因此，国际标准化组织在 2010 年制定了国际标准 ISO 9241-210《人机交互功效学 第 210 部分：以人为中心的交互系统设计》，并多次进行修改和更新。此标准对用户体验、以用户为中心的设计及交互行为给出了明确的解释，并提出了设计的四步流程（见图 2-5）。这个流程的第一步是理解并阐述使用情境，即在设计时明确数字产品的目标用户群体、用户对该数字产品感兴趣的原因、用户的诉求及用户在何种条件下使用该数字产品。第二步是列明用户需求，即在了解数字产品的使用场景的基础上，通过访谈、问卷调查等方法明确用户对数字产品的具体需求，从而确定该数字产品的商业目标。第三步是制作符合用户需求的设计方案，即根据商业目标和用户需求设计数字产品，包括概念设计、信息架构和组织呈现、交互设计、界面设计等。第四步是根据用户需求评估设计方案，即通过可用性测试对数字产品的设计方案进行评估，得到用户对数字产品最真实的反馈，从而发现用户在使用过程中出现的问题，进而不断优化。UCD 是一种迭代式设计，需要在流程中的合适环节进行多轮迭代，直至数字产品设计方案符合用户需求才算最终完成设计。

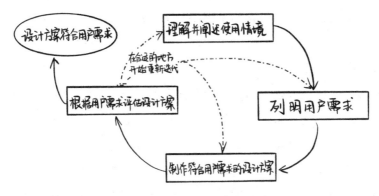

图 2-5 以用户为中心的设计流程

（二）用户心智模型

人类对世界的认识过程包括将对世界的感知映射在头脑中，从而形成内在模型。而这个内在模型又对人类的认知、思考和行动产生影响。从产品的角度来看，用户的知识领域和信息处理能力是有限的，即用户需要在"内在模型"的基础上"预测或感知"产品将如何发展。唐纳德·A.诺曼认为，在与现实世界交互时，人们可以利用自身已有的知识和经验理解并解释与之交互的客体。在这个过程中，人们会建立相应的模型。唐纳德·A.诺曼将该模型称为用户心智模型。简而言之，用户心智模型是指存在于用户头脑中的关于产品应该具有的概念和行为的知识，这种知识可能来自用户以前使用类似产品的经验，或对产品的概念和行为的一种期望。

艾伦·库伯（Alan Cooper）进一步从用户心智模型、实现模型和表现模型三个角度来分析数字产品设计。用户心智模型是指存在于用户内心的、对该数字产品的概念和认知；实现模型也被称为系统模型，实际上是指机器或系统的工作模型，实现模型是对数字产品具体工作的表达；表现模型是指呈现给用户的最后形式，是用户与数字产品交流的媒介。

用户在体验数字产品的过程中不断感知和调整表现模型，验证表现模型是否匹配用户心智模型。如果用户不接受表现模型，那么表现模型是错误的，实现模型也是错误的；如果用户接受表现模型，那么表现模型和用户心智模型是匹配的。表现模型被用户接受后也会转化为新的用户心智模型，甚至反哺用户心智模型，由此形成一个闭环。所以，三个模型既有联系又有转化，形成一个循环过程。

只有在用户心智模型与数字产品相匹配的状态下，设计者才能建构数字产品的真正意义与价值。当然，数字产品和设计的迭代也意味着用户心智模型需要不断被延伸与扩展，用户心智模型通过模块之间的传递可以形成一个自我更新的心智模型体系（见图2-6），这个过程也被称为模块的迭代化。在模块的迭代化过程中，设计者首先通过模块传递将数字产品的赋义与心智模型体系紧密结合起来，使数字产品的设计具有准确的行为导向；其次通过依次加深的过程将用户与数字产品紧密地结合在一起。例如，设计者将中国文化的丝质材质、深石青配色引入丝绸文化博物馆网站的网页界面，就是一种将用户对中国文化的心智认知模块与丝绸文化博物馆网站通过质地和色彩赋予的符号含义相匹配，进而促进了解丝绸文化的用户"点击"的行动导向。

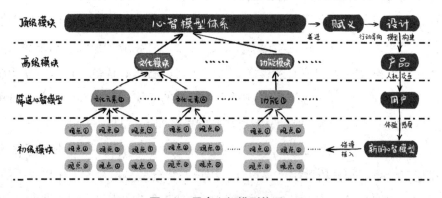

图2-6　用户心智模型体系

既然数字产品最终是面向用户的，而不是面向程序员和设计者，那么好的数字产品要尽可能地隐藏实现模型，尽可能地遵循和不断迭代用户心智模型以便更深层次地挖掘用户的心理需求。当然，在这个过程中，表现模型与用户心智模型越相似，用户就越容易理解和使用该数字产品；反之，表现模型与实现模型越不相似，用户就越难理解和使用该数字产品。

（三）用户分析工具

建构在用户心智模型之上的以用户为中心的设计，需要通过不同的工具和方法对用户进行更深入的描述、画像和分析。这些工具和方法包括用户画像、场景故事板和用例图等。

1. 用户画像

用户画像的英文术语有两个，即 User Profile 和 Persona。前者是指以用户真实数据为基础并从不同维度进行特征抽取而形成的用户模型，被广泛用于推荐系统、商业分析、用户研究、产品设计、数据化运营、精准营销、量化风控等领域。后者是指可以代表大多数用户需求的、由一个或几个虚构的人物所构成的数字产品的潜在用户，他们是通过大量的定性和定量研究获得的结果。

这里的用户画像回答"为谁设计"的问题，它是以用户为中心的设计所能依赖的强大的工具，它不仅代表一个特定的用户，而且可以被理解为所有潜在用户的行为、态度、技能和背景的典型特征。用户画像使用一个比较现实和具体的对象来表征现实世界中的真实人物形象，帮助设计者明确用户需求，创造出更好的用户体验模型。用户画像如图 2-7 所示。

图 2-7　用户画像

2. 场景故事板

场景（Scene）是文学、电影、喜剧和游戏等必不可少的元素，在以叙事为核心的数字产品设计中也是重要的构成部分。在一定程度上，通过设计场景吸引用户的注意，让用户产生兴趣，是很多网络商业行为的核心。场景成了以用户为中心的设计的重要构成，也是用户角色描述的支撑。那么，什么是场景呢？场景有多重含义，可以指特定地点，如"北京故宫场景"；也可以指特定活动，如"登山场景"。人们对场景的理解还涉及时间、人物及嵌入的事件等。因此，在这里，我们认为场景是发生在特定时间和场合中的一系列事件与行动的集合，它的本质是创造有人物角色存在的社会环境及以典型用户画像为主角的预演事件。应用场景的领域不同，场景的设计工具也有所差别。场景故事板不失为一种常见的设计工具（见图 2-8）。

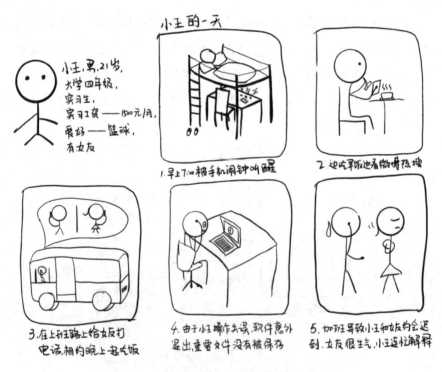

图 2-8　用场景故事板展现一个实习生的一天

场景故事板是组织和讲述故事的方法，通过有顺序的、视觉化的手段（如图形、照片、插图等）来描述整个事件的流程。场景故事板的绘制比较简单，大家可以在纸、电脑或 iPad 上绘制一组正方形，可视地描述一件事从头到尾的过程，表现角色之间的互动及故事情节的过渡等。

3. 用例图

统一建模语言（Unified Modeling Language，UML）是一种由一整套图表组成的标准化建模语言，适用于描述以用例为驱动、以体系结构为中心的软件产品设计的全过程。UML 模型由事物、关系和图构成。其中，事物是 UML 模型中最基本的构成元素，是具有代表性的成分的抽象，共有四种，分别是构件事物（UML 模型的静态部分，用于描述物理元素或概念）、行为事物（UML 模型的动态部分，用于描述跨越时空的行为）、分组事物（UML 模型图的组织部分，用于描述事物的组织结构）和注释事物（UML 模型的解释部分，用于对构成模型的元素进行说明和解释）。关系包括依赖、关联、泛化和实现等。图是事物和关系的可视化表示，共有九种，分别是用例图、类图、对象图、顺序图、协作图、状态图、活动图、构件图和部署图。

在 UML 模型中，用例（Use Case）被用来描述用户与世界其他部分的交互，用例是软件产品系统中的功能单元。用例图（Use Case Diagram）则是从用户的角度描述系统功能，描述参与者、用例及它们之间关系的视图，可以清晰地描述系统行为与各种功能的关系，被用在软件产品与系统需求分析阶段。用例图能从用户的角度分析软件产品的行为和功能，向用户展示系统功能的模型。通过用例图，用户容易理解系统中各个元素的用途。

用例图由参与者、用例、系统边界和关系等元素构成。参与者是指存在于系统外部并直接与系统进行交互的角色。系统边界是指系统之间的界限，系统边界外的，且与系统有关联的部分被称为系统环境。在 UML 模型中，用例用椭圆形表示，系统边界用矩形表示（见图 2-9）。

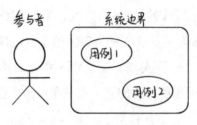

图 2-9　参与者、系统边界和用例

用例图中的关系包括关联关系、泛化关系、包含关系和扩展关系。关联关系表示参与者与用例的关系，任何一方都可以发送或接收消息，箭头指向信息的接收方。泛化关系是指特殊或一般的关系，即人们通常所理解的继承关系，子用例与父用例相似，但表现出更特别的行为，子用例将继承父用例的所有结构、行为和关系，箭头指向父用例。包含关系把比较复杂的用例所表示的功能分解成较小的步骤，箭头指向分解出来的功能用例。扩展关系是指用例功能的延伸，箭头指向基础用例（见图 2-10）。

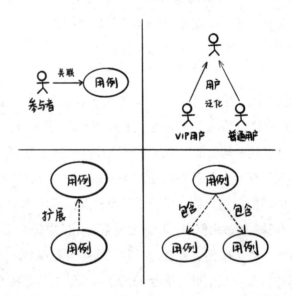

图 2-10　关联关系、泛化关系、包含关系、扩展关系

图书借阅系统一般包括借书、还书、查询图书、查询借阅记录、缴纳罚款和超期提醒等功能。该系统设计的用例有借阅图书、归还图书、缴纳罚款、绑定一卡通、预借图书、查询图书、查询借阅记录和超期提醒等，用例图如图 2-11 所示。通过这样的描述，设计者可以一目了然地确定谁是用户、用户希望软件产品提供的功能和服务有哪些，以及用户与软件产品的关系、顺序、行为表现和边界等。

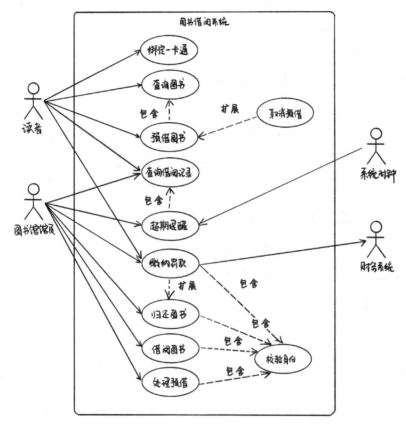

图 2-11　图书借阅系统用例图

三、用户体验设计

（一）用户体验的概念

如前文所述，"用户体验"是用户的内心感知与具有复杂性、目的性、可用性的系统在特定的使用环境下产生的结果。国际标准化组织将用户体验定义为用户对系统、产品或服务的使用和预期使用所产生的感知和反应，并对相关术语做了补充说明。"用户的感知和反应"包括用户在使用产品前、使用产品中和使用产品后所产生的情绪、信念、喜好、感知、舒适、行为和成就。用户体验取决于由先前经验、态度、能力、个性及使用环境引起的内心和身体状态。

因此，在不同的语境下，人们对用户体验有不同的理解。用户体验是一种过程，即用户与系统、产品或服务的互动过程。用户体验也是一种结果，这种结果通过用户对系统、产品或服务的使用或预期使用产生，具体表现为感知和反应等心理或生理活动。用户体验还是一种专业能力，包含用户体验研究、设计、评估、测试及其他社会性元素。

用户体验自 20 世纪中叶被提出后，大概经历了三个发展阶段。

1. 萌芽期（1940—1989 年）

该阶段用户体验以强调为人设计、开发人机交互工具（如鼠标）为主，侧重研究个体的生理、心理与机器的交互过程和结果。

2. 奠基期（1990—2009 年）

1990 年到 2009 年是用户体验的奠基期，诞生了有关用户体验的基础性理论和方法，用户体验在实践和应用方面取得了重要突破，面向用户体验的设计开始影响大众对数字产品的体验，用户元素在交互设计、界面设计和整个数字产品设计中的比重显著增加，互联网企业和工业企业开始设立专门的用户体验部门。

3. 发展期（2010 年至今）

随着移动互联网的普及，以及大数据、人工智能和深度学习等新兴技术的涌现，以"互联网+"为特征的数字社会逐渐成形，数字产品、渠道和服务创新层出不穷，人机交互、界面设计、用户价值被不断放大。用户体验作为过程、结果和专业能力不断延伸到传统领域，以用户体验为核心的理论、方法也不断出现，用户体验设计从线性走向多元精益和全流程。

（二）用户体验的类型

　　用户体验是用户在接触和使用产品的过程中产生的一种整体感受，具有层次性、主客观融合、因人因时而异等特点。用户体验的层次性体现在生理、心理和社会化三个层次，每个层次又有特有的体验类型，生理层次以感受体验为主，也涉及交互体验；心理层次以情感体验为主，也涉及信任体验和价值体验；社会化层次的核心是文化体验，具体如图 2-12 所示。

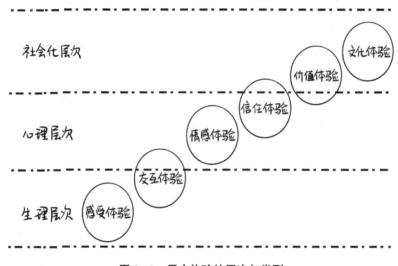

图 2-12　用户体验的层次与类型

　　具体而言，感受体验是用户生理层次的体验。对数字产品而言，感受体验带给用户的最基本的视觉、触觉和听觉体验是用户最直观的感受。

　　交互体验是用户在使用产品或服务的过程中的体验，重点关注产品的可用性和易用性。交互包括人机交互和人与人的交互。用户的交互体验源于用户首次浏览、操作产品或服务时产生的第一印象，用户在使用产品或服务的过程中产生的生理和心理的复杂度感知，以及用户因重复使用而产生的使用习惯和经验感知。

　　情感体验是用户心理层次的体验，是个体对自己情感状态的意识。情感体验有两个成分：一是情感的识别，二是情感的命名。数字产品设计强调对用户情感的映射，通过数字产品符号的情感表现促进用户使用，然后通过用户的不断使用逐渐形成迭代的情感意识，最后使用户与数字产品固化为一种稳定的情感关系。

由于数字产品具有虚拟性、可复制性等特性，因此如何让其被用户信任是一个关键问题。信任是人基于外界刺激做出的反应，是人预测事情下一步发展的心理活动；信任也是人对其他人或系统是否具有可信赖性的认可，是人在社会互动中产生的社会关系，受到心理因素和社会环境的双重影响。因此，信任体验是涉及心理层次和社会化层次的综合体验。信任关系会从浅层的计算型信任发展到深度的认同型信任（见图2-13），信任体验首先需要在吸引用户注意和兴趣的基础上，通过交互操作及界面信息和知识内容的展现获取用户的知识型信任，如版权页中权威性机构的认证符号、用户隐私权说明的显著提醒等，然后以此为基础，在用户不断的使用过程中建构其对产品或服务的认可，逐步实现用户对产品情感和理性的双重认同。

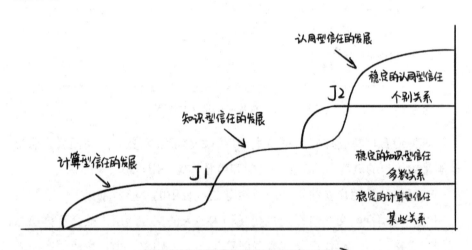

图 2-13　信任的发展阶段

人们在使用产品或服务的过程中会受到心理价值、情感价值和知识价值等价值构成因素的影响，例如，好的数字游戏虽然让用户花费了时间和精力，但用户通过游戏获得了愉悦、沉浸的情感和心理价值，也通过体验游戏设置的炫目场景及阅读故事文本获得了知识。

文化是一种习得性行为，文化也是一种意义和符号体系，文化还是人类为了生存而进行的实践活动。文化体验是指从社会背景、符号联想、个人和集体记忆及实践操作等方面对产品进行多层次、多方面的判断、感知和评价。

（三）用户体验的研究方法及模型

体验是在直接经历后获得的一种特殊形态的经验，是一种具有特殊意义、凝结为意义存在的经验。用户对数字产品的体验会受到多重因素的影响，用户的主观性特征也带来了诸多不确定性，这些因素决定了用户体验必然是一个多维的结构。因此，关于用户体验的研究也是从多维度、多层次进行的，产生了多种关于数字产品用户体验的方法，如构念积储格访谈技术；也出现了多种已经在数字产品开发和应用中产生影响的模型，如蜂巢模型、VADU 模型和 CUBI 模型等。

1. 构念积储格访谈技术

构念积储格访谈技术又被称为凯利方格法，是由乔治·凯利（George Kelly）于 1955 年提出的一种将访谈技术与因素分析相结合的研究方法，旨在将复杂的人类思想分解成各具意义的可控子元素。

构念积储格访谈技术的理论基础是乔治·凯利提出的个人构建理论（Personal Construct Theory）。个人构建理论认为，每个人都有自己的生活认知环境，因此会产生认知和理解世界的不同想法和理论，即个人构建系统。人在行为、思想、品格等方面有所差异，因此个人构建系统各不相同。人们通过各自的构建系统去认知和理解现实，并试图用该系统去解释和适应世界中的客观对象。该方法引导受访者用语言自由表述自己的个人感知情况和主观想法，进而探求事物本质。元素（Element）和构念（Construct）是该方法的基础要素，在具体实施时，元素可以是图像、文本等多种形式；由于不同元素之间既有相似性又有区别，因此构念是两个元素之间共同具有的，且区别于第三个元素的性质。

构念积储格访谈技术最早是心理学领域的研究方法，其不断被改进和完善，当前已被应用于供应商关系、用户体验、教育、企业管理、经济评价等领域。基于构念积储格访谈技术的数字产品用户体验研究一般包括以下五个步骤：选择元素；抽取"三元组"；提取构念；评分；返回步骤二，提取更多的构念。第一步是选择元素。每位受访者按照要求提供自己印象最深刻的几个数字产品，并将这几个数字产品分别写在单独的卡片上。第二步是抽取"三元组"。采访者从几张卡片中随机抽取三张（三元组）向受访者展示，同时向受访者提出问题，如什么原因让您感觉另外两个数字产品的使用体验与第三个数字产品有明显的不同。第三步是提取构念。受访者在上一环节中的回答即是构念。随后，采访者采用开放性问答的方式来确定构念正反两极的名字。第四步是评分。采访者可以采用包含两类完全相反构念的李克特五级量表来评分。第五步是返回第二步，提取更多的构念。在访谈过程中采访者需要不断抽取三元组来获取更多的构念，该过程将被重复至没有新的构念出现。

构念积储格访谈技术主要有两方面的优势。一方面，相较于其他访谈法，该方法获得的资料更简洁，结果更准确；另一方面，该方法不预设问题的具体维度，受访者可以随意表达自己的想法，因此研究者可以最大限度地获取受访者的看法，包括潜意识的观念。

2. 蜂巢模型

被誉为"信息架构之父"的彼得·莫维尔（Peter Morville）提出了关于用户体验的蜂巢模型（Honeycomb Model），该模型由七个要素构成，即有用性、可用性、可寻性、可信度、可获取、满意度和价值性，如图2-14所示。该模型通过一次性满足用户的多个需求来实现所有要素的最佳结合，要素之间的比重由情景（商业目标、资金、政治、文化、技术、资源和限制）、内容（产品类型、内容对象、数量、现存架构）和用户（任务、需求、信息搜寻行为、体验）之间的平衡决定。用户体验的蜂巢模型的每个要素可单独构成一个视角，进而转化为设计者的思维方式和设计风格。

图 2-14　用户体验的蜂巢模型

任何用户都不可能接受没用的东西。一个有用的数字产品能让用户完成一个任务或目标，如 Office 软件可以让用户生产文件、统计数据、制作 PPT 等，有用性即指数字产品能够满足用户特定的使用需求。

雅各布·尼尔森（Jakob Nielsen）认为可用性是一个用来评价用户能否很好地使用数字产品功能的质量属性，可用性涉及可学习性、高效率、容易记忆、出错率低及满意度高等五个层面，能够直接对用户产生影响。同济大学用户体验实验室提出了可用性属性模型（见图 2-15），其中，功用性是指数字产品能否满足用户的正确需求，效率是易学性、可记忆性及容错性的集合，协调性是指在使用数字产品或服务的过程中人与人的协调，社会可接受性与人因情感是最近被逐渐重视的属性。社会可接受性是指从整个社会的角度来看待用户与数字产品的关系，人因情感主要体现为生理上的五感及心理上的意识活动。

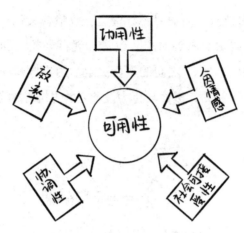

图 2-15　可用性属性模型

可寻性是七个要素中最直观、最易被评价的要素，是指数字产品具有导航和定位元素，这些元素能够帮助用户快速找到数字产品及数字产品中所需要的内容。

可信度是指数字产品值得用户信赖的程度。不同数字产品可信度的属性指标是不同的，例如，云服务（百度云、公共文化云等）往往包括可达性（内容合规、内容达成率、响应及时性等）、连续性（修复时间、故障率、应急就绪度等）、可恢复性（时长、节点、计划等）及数据备份（方法、频率、周期、验证、存储等）。

可获取是指服务应该被所有人获得，如公共设施应该满足残障人士的通达要求。对数字产品而言，可获取是指产品或服务能被所有用户以其最低的能力获取，例如，面向老年人的移动端服务应保证操作手势的简单、易用，尽量避免屏幕翻页。

人们将行为选择是否有足够的价值称为满意度。满意度是指数字产品是否符合用户的期待及能否满足用户的情感体验。满意度的属性构成往往从需求层次如马斯洛需求层次进行测度。

价值性意味着数字产品必须具有价值，而价值的产生是以其他六个要素的融合为基础的。

用户体验的蜂巢模型科学地提出了用户体验超越功能需求的其他需求，

在测量维度上能够对用户体验进行全面的评估和测量，从而更有效地分析出数字产品的用户体验效果。

3. VADU 模型

虽然蜂巢模型可以从功能、情感和价值等不同层次分析用户与数字产品的关系，但是在一定程度上区分部分要素并不容易。2012 年，一个更为简洁的模型出现了，它由四个基本要素构成，即价值（Value）、可接受性（Adoptability）、使用意愿（Desirability）和易用性（Usability），被称为VADU 模型（见图 2-16）。这个模型虽然没有蜂巢模型通用，但在分析用户体验设计的优先级及操作性上有其优势。

图 2-16 用户体验的 VADU 模型

易用性是指数字产品能够使用户有效、高效地完成预期任务。在用户想执行任务和用户能执行任务的背后暗含着很多易用性的问题。例如，用户想用苹果手机给未记录在手机电话簿的人打电话，首先需要找到电话按钮，其次寻找拨号键盘，然后在显示的屏幕上点触数字，打电话这样一件看似简单的事情需要至少三个步骤，这对第一次使用苹果手机的人就不"易用"。虽然易用性与用户意向、用户管理及视觉诉求无关，但是 VADU模型认为易用性覆盖所有的用户体验要素，如可学习性、内容的易发现性、可寻性、可读性、用户能否识别和记忆信息及功能可见性等。

虽然易用性对用户体验很重要，但它不是数字产品成功的关键，毕竟有很多易用的数字产品都在市场上消失了。数字产品用户体验的关键在于价值。驱动数字产品给用户赋能的价值是指数字产品的功能和用户需求的匹配程度。

可接受性是指用户购买、下载、安装和开始使用数字产品的程度。可接受性依赖于数字产品的可靠性和用户对数字产品的感知。数字产品的信息不具备权威性或数字产品的感知力不够都无法吸引用户。可接受性与易用性密切相关，设计者在设计数字产品用户体验时，需要加强其易用性以保证数字产品以自然的方式体现其特性。

使用意愿是指数字产品对用户的吸引力，与用户的情感诉求有关。事实上，用户常常使用易用性不好的数字产品，例如，很多视频游戏的说明书不好理解，游戏界面导航混乱，但是用户仍然沉浸其中，这就是因为视觉或叙事的创新给用户带来了吸引力。

与其他用户体验模型相比，VADU 模型的关键优势是它提供了一种根据对业务的影响程度来确定用户体验工作优先级的方法。确定用户体验设计工作优先级的有效方法包括创建基于 VADU 的计分卡。通过对数字产品的各种用户体验要素进行评分，将评分与预期目标分数进行比较，设计者可以快速创建出基于 VADU 的计分卡。

首先，设计者需要确定用户体验要素的相对重要性，使用数值来表示四个要素的相对重要性，例如，将权重保持在 0 和 1 之间，其中 0 表示该要素对用户体验没有任何影响，1 表示该要素对用户体验的影响非常大。其次，设计者根据每个用户体验要素的相对重要性设置目标分数，通常使用10 分制，目标分数是每个要素相应权重的 10 倍。然后，设计者根据数字产品的用户体验要素强度对数字产品进行评分，通常根据综合可用的指标、用户和市场研究结果来共同确定评分，从而得到实际的 VADU 分数。最后，设计者通过比较实际的 VADU 分数与目标分数来设置优先级，即通过比较要素的实际分数和目标分数，得出在设计时需要对哪些要素投入更多的精力。

以游戏行业的 VADU 计分卡为例，如图 2-17 所示，使用意愿对用户体验的影响非常大，因此赋予该要素 1 的权重，目标得分为 10。按照对用户影响的降序排列，可接受性的权重为 0.8，目标得分为 8；易用性的权重为 0.5，目标得分为 5；价值的权重为 0.2，目标得分为 2。通过计算用户体验要素的实际得分，我们可以发现可接受性的实际得分为 5，低于目标得分 8，而易用性的实际得分为 9，远远超过目标得分 5。这意味着可接受性的工作优先级应远远大于易用性的工作优先级。

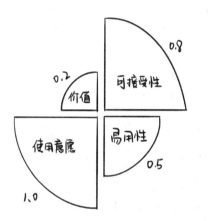

UX 元素	实际得分	目标得分
价值	3	2
可接受性	5	8
使用意愿	9	10
易用性	9	5

行动：
关注可接受性，可牺牲易用性

图 2-17　游戏行业的 VADU 计分卡

4. CUBI 模型

拥有 15 年用户体验从业经验的柯瑞·斯特恩（Corey Stern）通过对数百个成功的交互项目进行逆向分析，记录和理解其中的概念和要素，最终创建了用户体验的 CUBI 模型。CUBI 模型包括内容（Content）、用户目标（User Goals）、商业目标（Business Goals）和交互（Interaction）四个组件（见图 2-18）。组件之间通过传达、反应、行为及交易四个发展步骤形成相互转化的关系，从而实现一个周期，并最终获得四个有效体验因素，即品牌化体验、综合体验、有用性体验和可用性体验。

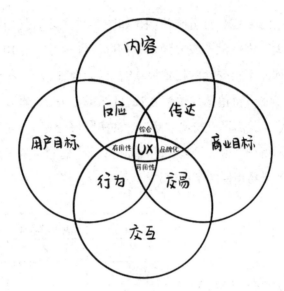

图 2-18　用户体验的 CUBI 模型

在此模型中，"内容"包括内容类型、内容模式、处理方法、呈现方式和体系架构五个要素。其中，内容类型是指图片、视频、音频等，当多种内容类型组合在一起时，我们就有机会创造出更多的内容类型；内容模式是指将不同的内容类型整合成一个完整、易读的模型；处理方法是指按照产品的风格，应用美学的处理方式进行内容呈现；呈现方式是指采用不同的创意方式来展现内容；体系架构是指数字产品中信息内容的结构、组织和表现。

"用户目标"同样由五个要素构成，分别是用户类型、需求、动机、行为和结果。一般而言，任何设计过程都是通过创建用户角色来详细描述用户特征，确定用户类型，进而了解用户的需求和动机的，当然也研究用户当前的行为模式，通过对需求、动机和行为的整合，将用户的行为模式转化为有意义且可评价的结果。

"商业目标"包括四个要素，分别是运营、使命、产品和结果。运营是指通过整合人员、资源和其他连接经验来提升用户的体验，使命是指明确企业的核心目标、竞争优势、目标受众及企业存在的原因，产品是指数字产品和服务所需的生态系统，结果是指数字产品与服务最终获得的有意义的指标和有助于商业成功的关键绩效指标。

"交互"则包括模式、系统、设备和人四个要素。模式是指可重复使用的组件和交互；系统包含导航、反馈和通知，帮助用户实现目标；设备是指目标设备的性能和限制，如屏幕尺寸、用户界面常规参数和其他因素；人机交互是指用户与设备的互动行为。

四个发展步骤包括传达、反应、行为和交易。传达是指商业目标与内容的发展关系，通过内容架构将企业的数字产品和使命传达给目标用户；反应是指内容与用户目标的发展关系，通过用户在浏览或使用内容架构时的反馈对数字产品进行迭代；行为是指用户目标和交互的发展关系，通过研究用户目标，设计交互内容，进而促进用户行为的产生；交易是指交互和商业目标的发展关系，通过交易行为实现数字产品的购买和使用，同时实现商业目标。

四个有效体验因素包括品牌化体验、综合体验、有用性体验和可用性体验。品牌化体验是指用户在任何接触点上的整体品牌体验；综合体验是指用户对数字产品的整体体验；有用性体验能够满足用户的需求；可用性体验是指数字产品易于使用，在交互上具有一致性，并能够提供提示和反馈。

用户体验的 CUBI 模型的各个组件相互联系并层层递进。此外，该模型提供了一个具有创造性的展示内容的框架，简化了复杂的设计过程，将整个设计项目转化为一个个简单的组件。该模型有利于成员之间进行合作，并且对完善项目开发流程起着重要的作用。

（四）用户体验设计模式

"用户体验设计"一词由唐纳德·A.诺曼于 1993 年提出。他认为人机界面和可用性的含义过于狭隘，希望能够把人机交互时体验到的所有方面都包含到一个概念中，由此提出了用户体验设计的概念。用户体验设计是在用户和数字产品或服务之间创建基于证据的交互设计的过程。用户体验设计涵盖了用户对数字产品或服务的感知体验的所有方面，如可用性、有用性、可接受性、满意度和整体价值等。用户体验设计模式也经历了从瀑布流模式用户体验设计到敏捷用户体验设计，再到精益用户体验设计等不同的阶段。

1. 瀑布流模式用户体验设计

最初的用户体验设计模式是瀑布流模式用户体验设计。瀑布模型由温斯顿·罗伊斯（Winston Royce）于1970年提出。该模型属于项目开发架构，适用于软件工程开发、系统开发、产品生产等项目。它的核心思想是将开发过程划分为连续的项目阶段，每个阶段只运行一次，同时要求下一个阶段的开始必须建立在上一个阶段结束的基础上。

瀑布模型的典型代表是杰西·詹姆斯·加勒特提出的自下而上执行的、经典的用户体验五层次模型（见图2-19）。加勒特将用户体验划分为五个层次，分别是战略层、范围层、结构层、框架层和表现层。这五个层次从抽象到具体，相互联系，相互影响，其中包含的要素能够为人们在开发过程中每个阶段遇到的问题做出指导。

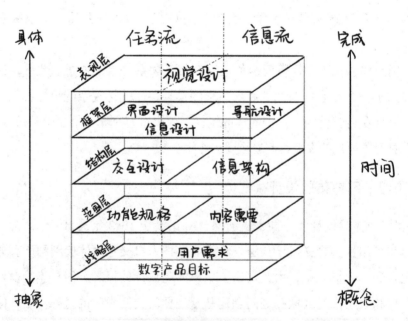

图 2-19　用户体验五层次模型

　　战略层包含的用户体验要素有数字产品目标和用户需求，根据目标群体的不同，战略层需要确定数字产品目标，即明确数字产品面向的用户到底是谁、解决用户的什么痛点问题。范围层将战略层的数字产品目标和用户需求转变成产品的特性、内容和功能。该层次包含的用户体验要素有功能规格与内容需要。结构层界定数字产品的运作方式，考虑如何对功能内容进行排序、组合及如何将信息元素进行合理的排列分布，以便给用户带来较好的结构化交互体验。该层次包含的用户体验要素有交互设计与信息架构。框架层重点关注数字产品的界面和导航，明确以什么形式将数字产品呈现在用户面前。该层次包含的用户体验要素有界面设计、导航设计和信息设计。表现层是将数字产品的功能、内容与美学方面的信息整合在一起的整体性设计结果，通过视觉语言满足前面四个用户体验层次的所有目标。该层次包含的用户体验要素是视觉设计。

　　瀑布模型之所以在项目开发中占有重要的地位，是因为其具有鲜明的特色。第一，该模型为项目提供了按阶段划分的检查点。在每个阶段结束时，最重要的输出产物就是文档。瀑布模型的每个阶段都有记录的文档，所以项目的开发进度很容易被跟踪。第二，该模型无须迭代，只需关注后续阶段。瀑布模型非常注重阶段的独立性，只有上一个阶段结束后才可以进入下一个阶段，并且不可以再返回修改。因此，当前一个阶段结束后，人们只需要关注后续阶段即可。第三，该模型具有明确定义的步骤，容易管理。它的结构很简单，包括收集需求、系统设计、实现、测试、交付和维护等，并且每个阶段都有特定的审查和可交付流程。

　　但是，瀑布模型的线性过程过于理想化，因其存在的诸如阶段划分刚性不宜修改、文档繁多及工作流程改变导致进度延缓等问题，已不再适合当前数字产品的开发模式，因此更灵活、更具弹性的用户体验设计模式逐渐出现。

2. 敏捷用户体验设计

　　20 世纪 90 年代，互联网的用户规模激增，大规模的用户也带来了更为多元的需求，瀑布流模式用户体验设计难以满足数字产品不断迭代和更新的变化需求。为了满足新的需求，应对新的变化，以及了解数字产品项目管理中的多重问题，敏捷软件开发模式应运而生。敏捷软件开发，又被称为敏捷开发，强调软件开发团队与专家的密切合作、面对面交流，频繁交付新的软件版本，紧凑而自我组织型的团队及软件开发过程中人的作用。

随着敏捷开发的发展，敏捷用户体验设计作为敏捷项目管理方法和用户体验设计的结合开始出现。敏捷用户体验设计旨在通过团队协作和对用户反馈的管理，为正在构建功能的设计和改进带来迭代方法。敏捷用户体验设计有两个指导思想，分别是敏捷思想和以用户为中心的思想。敏捷思想的核心是"适应性"，它是指在遇到变化时，设计的思想能够迅速做出反应来适应环境。吉姆·海史密斯（Jim Highsmith）认为，敏捷是指在动荡的业务环境中，适应变化并创造变化从而获得价值的能力，敏捷是平衡灵活性和稳定性的能力。

敏捷思想的核心要点包括个体与交互比流程与工具更重要，可用的数字产品比详细的文档更重要，客户合作比合同谈判更重要，适应变化比遵循计划更重要。敏捷原则作为敏捷思想的进一步解释与补充，给出了敏捷方法的指导措施。敏捷方法的指导措施如下：首要任务是通过持续交付的、有价值的数字产品来满足用户需求；即使在开发后期，用户也可以改变需求；对于频繁交付的、可用的数字产品，交付周期从几周到几个月不等，时间间隔越短越好；业务人员和设计开发人员必须密切合作；为设计开发人员提供必要的环境和支持，给予他们充分的信任；团队内最有效的沟通方式是面对面的交流；可用的数字产品是衡量进度的主要标准；敏捷过程提倡可持续设计和开发，发起人、设计开发人员和业务人员应该保持一个长期且恒定的设计开发速度；对卓越技术和良好设计的持续关注将有效增强敏捷能力；在设计和开发数字产品的过程中，简洁性十分重要；团队应周期性地总结和反思工作内容，然后相应地调整自己的行为。

以用户为中心的思想强调同理心和用户目标。同理心是指换位思考和体会他人感受的能力，用户目标是指用户认知、情感和行为的根基。以用户为中心的思想十分重要，设计者只有深入地了解用户，才能基于用户的认知、情感和行为做出设计决策。

3. 精益用户体验设计

精益软件开发源于 20 世纪 80 年代日本丰田公司发明的精益生产方式。该生产方式是一种优化生产和装配线的方法，以最大限度地减少浪费和提高产品的用户价值为目标。精益用户体验设计是精益项目管理方法和用户体验设计的结合。精益用户体验设计是一个以用户为中心的设计过程，采用精益和敏捷的开发方法来减少浪费，增加用户价值。精益用户体验设计依赖协作方法和快速原型，通过尽早向用户公开最小化可行数字产品来获得用户反馈。

精益用户体验设计的核心内容如下：重视早期用户验证，重视协同设计，在设计下一个功能时解决用户遇到的问题，在未定义的成功指标上测量关键性能指标，利用适当的工具执行严格的计划，灵活的设计胜过沉重的线框及组合。

精益用户体验设计有三大基础，分别是设计思维、敏捷开发和精益创业。首先，设计思维在本质上是指以人为中心的创新过程，强调观察、协作、快速学习、想法视觉化及商业分析。设计思维不但需要考虑设计的数字产品、服务、流程本身，还要站在用户的角度实现创新。在精益用户体验设计中，设计思维十分重要，它为设计提供指导，打破设计局限，鼓励团队中不同角色的人员协同合作。

敏捷开发能够应对快速变化的用户需求，缩短设计周期，以连续的方式向用户交付成果。精益用户体验设计将敏捷开发的价值观应用到数字产品的设计中，为数字产品开发过程中的问题提供有效的解决方案。

精益创业是指企业在极不确定的市场情况下开发新的数字产品时，为了在有限的资源条件下降低风险，提高创业成功率，应该尽快向市场提供一个最小化可行数字产品来验证市场需求。若最小化可行数字产品不符合市场需求，企业最好能将损失降到最低；若最小化可行数字产品符合市场需求，企业也要继续根据用户的反馈来改进该数字产品。精益创业的核心思想可被归纳为"构建—测量—认知"反馈循环（见图2-20）。精益创业的具体过程是：企业首先根据愿景提出商业模式假设，并在较短的时间内构建最小化可行数字产品，然后对该数字产品进行测量，最后根据测量结果验证假设、获得认知、做出决策。精益用户体验设计将精益创业的方法直接应用于数字产品的设计实践中。每个设计过程都是先提出一个假设，即解决方案，然后尽可能地利用用户反馈来验证解决方案的可行性。在验证每一个解决方案的可行性时，企业需要建立用于测试的最小化可行数字产品，从测试中收集资料来提出改进思路，然后进行下一次测试。

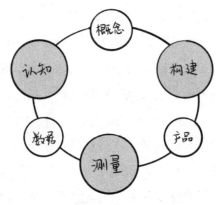

图2-20 "构建—测量—认知"反馈循环

瀑布流模式用户体验设计与敏捷用户体验设计有显著的区别。瀑布流模式用户体验设计是线性和连续的，其以步骤成果作为衡量进度的标准。瀑布流模式用户体验设计只有在前一阶段结束的基础上才可以开始下一阶段的工作，并且基本上与计划零偏差，因此，当用户的需求发生变化时，其难以调整且调整的代价巨大。而在敏捷用户体验设计的过程中，整个项目被划分为多个相互联系、独立运行的子项目。在每个阶段，数字产品都呈可见状态并可供用户使用，因此，用户可以更直观地进行体验并提出针对性的意见。

瀑布流模式用户体验设计与精益用户体验设计也有显著的区别。首先，瀑布流模式用户体验设计强调不同阶段之间的界限，具有顺序性；而精益用户体验设计以减少浪费和提升用户价值为目标，不强制区分不同阶段，也不要求按照一定的顺序开发数字产品。其次，瀑布流模式用户体验设计强调文档的作用，不同阶段之间通过文档进行交流；而精益用户体验设计为减少浪费，提倡精简文档。最后，瀑布流模式用户体验设计通过计划和文档驱动开发，要求逻辑设计先行；而精益用户体验设计通过价值驱动开发，不鼓励在项目前期完成所有的逻辑设计，只有在获得充足的信息后，才开展下一步工作，避免因用户需求变化而造成资源浪费。

因此，具有以下一种或多种情况的数字产品开发项目更适合精益用户体验设计，而非瀑布流模式用户体验设计：需求变化较快的项目；需求和技术较为复杂，前期只能厘清部分需求和技术的项目；对文档没有强制性规定的项目。瀑布流模式用户体验设计更适合满足以下所有情况的项目：需求明确且无变化的项目，完成所有需求的重要性胜过交付时间的项目，对文档有较高要求的项目。

敏捷用户体验设计与精益用户体验设计有很多的相似点，例如，两者都重视用户需求、团队协作等。但是敏捷用户体验设计与精益用户体验设计又有显著的区别，主要包括以下两点。第一，目标不同。敏捷用户体验设计的目标是积极响应变化，实现快速交付；而精益用户体验设计的目标是减少浪费，提升数字产品的价值。第二，敏捷用户体验设计要求灵活，但不重视可重复流程的建立；而精益用户体验设计鼓励建立可重复、可持续的流程。因此，精益用户体验设计适合大型企业，而敏捷用户体验设计适合创业团队和小型团队，可以通过灵活快速地交付产品来抢占市场。

瀑布流模式用户体验设计、敏捷用户体验设计和精益用户体验设计的对比如表 2-3 所示。

表2-3　三种用户体验设计模式的对比

内容	瀑布流模式用户体验设计	敏捷用户体验设计	精益用户体验设计
目标	按工序将问题简化，将功能实现与设计分开	快速交付，响应变化	减少浪费，提高价值
流程	上一个阶段结束后才能开始下一个阶段	相对灵活	建立可重复、可持续的流程
需求计划	前期制订详细计划，后期不能更改	允许需求变更，并快速响应	允许需求变化
项目文档	项目文档繁多	项目文档较少	提倡精简文档
测试环节	在开发完成后集中测试	测试驱动开发，在开发过程中交叉测试	测试覆盖全过程
开发管理	长期、线性的开发过程，在项目交付时展示成果	短周期迭代式的开发过程，更适合创业团队和小型团队	迭代式的开发过程，更适合大型企业，保证其稳定发展

📖 扩展阅读：微信的用户体验与交互设计

微信是腾讯公司开发的一个以交流为主的综合性软件。作为数字交互产品，其拥有目前首屈一指的用户群体。微信在设计上沿用了腾讯公司一贯的特色，给予鲜明的功能分区，将功能分区和功能实现一一对应，为强调交互价值，在界面上强调了部分突出功能，将一些次要功能集中设置在"隐私""通用"等几个大项中。此外，为提升服务性，微信在设计上具备更多的可选择性和智能性。例如，微信有"朋友圈提醒"功能，当用户的朋友圈出现新动态时，对应功能分区就会出现一个红色的点状物，如果用户不想了解朋友圈的更新动态，也可以选择取消该提醒，其他功能不会受到影响（见图2-21）。随着移动互联网的发展，微信不再只作为交流软件而存在，其在线支付功能获得重视，能够满足大部分合作用户的收付款需要，功能性得到了强化。而该项功能的实现仍以"一键操作"（扫一扫付款）的形式存在，交互价值没有受到影响，这是其设计的成功之处。

图 2-21　微信的"朋友圈提醒"功能

📖　扩展阅读："客户痴迷"思想与用户体验五层次模型

"客户痴迷"思想来源于亚马逊（Amazon）领导力准则中的第一条：努力成为"最以客户为中心"的企业，所有任务均须从客户的思维角度入手，反向推动项目的进行。"客户痴迷"思想不仅关注客户眼前的需求，而且以获得客户长期的满意为目标，其渴望获得客户满意的强烈程度要远远超过以客户为中心的思想。

将"客户痴迷"思想与用户体验五层次模型相结合，就是在每层模型中"用心"体验客户的需求，这里的需求既包括客户当前的痛点，又包括客户的潜在需要。在战略层，数字产品不仅要满足客户的当前需求，还要让客户从客观上对数字产品产生依赖。例如，客户在寻找团购折扣服务时会自然而然地想到美团 App。在范围层，数字产品要将客户的需求具体化，用多种功能来满足客户需求。例如，美团 App 包含外卖、酒店民宿、电影演出、骑车、打车等功能，能满足客户不同层次的需求。在结构层，数字产品要从客户的使用习惯出发，保证它的操作能被客户快速熟练地掌握。例如，在美团 App 中点触搜索框，客户输入需求，即可获取所需信息，客户在搜索页面也可以看到当前的"美食热搜"和"猜你想搜"等信息。在框架层，数字产品要通过元素的位置层级和布置，将客户最关心的内容放在最容易被发现和操作的位置。例如，"搜索"在美团 App 中是很高频的操作，因此被放置在主页的顶部；点外卖、购买蔬菜水果等功能在美团 App 中也是高频的操作，因此被放在搜索框的下方，这大大提升了用户的操作效率。在表现层，数字产品通常调用视觉感官来表达自身性格。例如，美团 App 以黄色和白色为主要基调，带给用户简洁的视觉体验。

📖 扩展阅读：数字产品设计原则

不同的数字产品设计团队有不同的设计原则。Degreed 团队和 Srivastava 团队的数字产品设计原则体现了一定的普适性，具体内容如下。

Degreed 团队

Degreed 团队认为实用而清晰的设计原则有助于数字产品设计团队做出设计决策。

原则 1　给需要解决的问题下定义

彻底理解需要解决的问题对成功设计出数字产品至关重要。在设计数字产品时，设计团队应先定义问题，然后彻底研究问题，最后提出合适的解决方案。

原则 2　通过较少的元素创造更大的价值

精简是提升用户体验的关键。无论是功能设计还是界面设计，数字产品都应该通过展示更少的元素来减少用户的认知负荷，并致力于优化功能设计和界面设计。

原则 3　保持一致

数字产品的设计理念、品牌形象、逻辑结构、操作交互及视觉形象等元素应保持一致。对数字产品来说，一致性可以降低迭代优化的成本；对用户来讲，一致性能够使用户在数字产品的不同模块中拥有统一的体验，进而降低用户对功能的理解难度和使用成本。

原则4　确保用户一次只专注一个动作

在设计数字产品时，设计团队应将屏幕、视图或操作集中到一个主要任务上来引导用户。数字产品界面中的一切内容都必须经过用户大脑的处理。用户大脑处理的内容越少，认知负荷就越低。因此，所有不能帮助用户专注于主要任务的元素对用户来说都是一种干扰。

原则5　最小化用户输入

用户输入需要花费大量的时间和精力，每一次输入都会增加摩擦，甚至会导致用户放弃使用该数字产品。数字产品设计应确保以最少的用户输入量来实现目标。

原则6　使用目标用户语言

数字产品设计要使用目标用户熟悉的语言、用词和概念。语言应简洁明确，主要目的是描述和帮助，次要目的是增加个性。

原则7　为用户做决定

数字产品如果提供大量的选项就会让用户不知所措，只有提供更少的选项才会为用户节省更多的时间并提高用户体验。因此，设计团队在设计数字产品时不要害怕为用户做决定。

原则8　设计应具有强大的视觉层次

视觉层次是影响用户体验的重要因素，因此，设计团队在设计数字产品时应在位置、大小、颜色和空间等设计中创建严格的视觉层次。

原则9　对齐元素

实现视觉平衡的最简单方法是将元素和结构的设计与清晰的网格对齐。这既符合用户的认知特性，也能引导视觉流向，让用户更流畅地接收信息。对齐的根本目的是表达秩序感，降低用户的信息接收成本。

原则10　优化原则

优秀的数字产品会随着业务的发展而不断被优化和完善。数字产品的每个特性或功能都需要时间来改进。一旦某个项目被启动，评估性能和迭代应该是重点。

Srivastava 团队

Srivastava 团队认为设计原则是数字产品设计的基石。设计原则不仅能使设计团队保持一致，还能衡量出团队规模。如果数字产品没有设计原则，那么任何团队都会感到迷茫。

原则 1　摒弃"解决方案优先"的思维方式，从"为什么"开始

设计团队如果不理解问题可能会错过潜在可行的解决方案，从而无法获得更大的数字产品价值。解决方案优先的思维方式是一种错误的数字产品开发思维，设计团队应优先理解问题。

原则 2　保持创新

创新是数字产品进一步发展的决定性因素。设计团队不仅应该在数字产品的开发上投入时间和资源，还应该在创新和创新文化上投入时间和资源。

原则 3　始终以人为中心

在整个设计过程中，设计应强调与用户共情，将所有视觉元素无缝地编织在一起，保证所构建的数字产品能够为用户提供真正满意的体验。

原则 4　简单易用

设计团队应引导用户无须太多思考就执行相应的操作，努力使复杂的事情变得简单，促进用户理解。设计应对用户友好，利用已有的组件、颜色和行为，为用户提供清晰度。

原则 5　平衡可用性和创造性

在可用性和创造性之间取得正确的平衡对设计至关重要。设计应该是可用性和创新的最佳组合，既要打破传统，还要保证产品可用。

原则 6　保持一致性

数字产品界面的一致性可以确保用户轻松使用数字产品而无须进行过多的思考。当用户识别出一致的元素时，会很容易适应某个数字产品。

·思考题·

1. 你如何理解数字产品？

2. 请说出你熟知的 Web 3.0 应用，并详细介绍其中一个应用。

3. 设想一个场景，分析该场景涉及的用户，并画出用户画像。

4. 搜索引擎的可信度评价指标有哪些？请通过调查获得。

5. 请搜集相关资料，对现在的用户体验设计模式进行探究。

第三章

数字产品原型设计

第一节　概念与原理

一、原型设计

概念设计、原型设计和细节设计是产品设计的三个重要阶段，也是产品设计的主要组成部分。首先，原型是心理学概念，卡尔·古斯塔夫·荣格（Carl Gustav Jung）认为原型是集体无意识的组成单元，也是一种先验形式和先天倾向。除此之外，他还认为原型与本能相似，是一种类本能的存在物，是在心灵的经验周期中规律出现的意象，并由此提出原型与原始意象是同一个词，认为原型也是一种形成原则。其次，原型是文学概念，特指在文学艺术作品中塑造人物形象时所依据的现实生活中的人。而本书所说的原型则是指数字产品的最初形式，它不必具备最终数字产品的所有特性，只需要具有进行数字产品关键环节测试所需的关键特征即可。原型通过纸画、屏幕演示和代码构建等不同的形式表现出来，其核心目的是传递故事，以及针对利益相关者的反馈或研究做出改进。在设计出精细的数字产品之前，人们可以通过原型发现设计缺陷以节约时间和成本。

按照技术手段，原型分为物理原型、数字原型和虚拟原型。物理原型也叫物理规划或虚拟物理设计，通过并行、全面地规划和影响产品质量、成本和周期的各种相关因素以产生合理的约束，用约束驱动设计，重视上游设计的充分验证。数字原型是物理原型的一种替换技术，是应用数字建模技术设计的数字产品模型，通过数字化展示和验证来改善设计结果。虚拟原型通过构造数字化原型体来完成物理原型的功能，并实现数字产品的交互模拟仿真。

按照设计与创作的不同阶段，原型分为低保真原型、中保真原型和高保真原型。低保真原型呈现初步的概念和想法，往往以草图、纸质原型和线框图等形式呈现。中保真原型看起来与最终的数字产品相似，核心是将视觉、交互及展示结合在一起形成可点击的原型和编码原型等。用户通过中保真原型能够完成一个任务的闭环，即通过与原型界面的交互完成任务。高保真原型是经过视觉设计而形成的原型，其数据高度仿真，具备真实界面的交互及动画效果，用户能够与之进行交互。高保真原型与真实界面的效果一致，虽然看起来和最终的数字产品一样，但仍然是原型。

二、数字产品原型设计

数字产品原型是指数字产品在正式发布之前所依据的具备关键特征的样图或模型。不同的数字产品对原型的定义是不同的，软件开发认为原型必须以代码的形式生成，界面设计认为原型是可交互模型或 DEMO 演示。无论如何，数字产品原型就是帮助数字产品做出最优决策的方法，是数字产品解决方案的简单实验模型，用于快速、廉价地测试或验证概念，让想法与用户互动并获得用户反馈以进行设计改进、代码优化，为更好的数字化方案或更优质的数字产品奠定基础。数字产品原型设计是指通过数字化的设计工具完成设计线框图、设计交互原型、设计布局、演示布局及模拟仿真的工作，是基于交互、面向用户的设计，目的是还原数字产品尤其是与用户交互的界面中的各种元素，使用户得到更加真实、舒适的体验和感受。

根据面向用户的信息内容与设计形式的双重融合，数字产品原型由交互设计、视觉设计和信息内容框架构成，设计的目的是向数字产品的编码实现人员、产品经理和决策者及用户展示数字产品的特性、功能、服务等内容，数字产品原型以灰度模型或高保真交互模型为主。

要设计出好的原型，首先，设计者必须了解用户的需求，确认其表达方式，根据用户的具体需求选择原型设计工具完成原型。其次，在确定用户的需求之后，在信息内容上，设计者需要梳理信息空间，如构成要素、层次和结构，以及它们之间的关系；在设计空间上，设计者需要梳理界面、界面元素及视觉流程。设计者可以通过思维导图、流程图或用户体验地图等工具确定两个界面的构成内容及相互映射的关系，并安排、嵌入和协同整体界面的色彩、感知、情感等要素。设计者可以按照信息内容结构、交互流程和协同内容，依据原型设计的原则和规律设计数字产品的原型，确定每个界面的布局和各个元素的位置。最后，设计者要深度校验原型的实现，并添加标注进行修改。设计者需要确定数字产品各项功能的必要性和优先级，尽可能精简或删除冗余的元素或功能，尽可能突出相对重要的元素，通过使用不同大小的字体、改变区域的灰度等方法来标识主要元素。在修改和完善原型的过程中，设计者要添加交互的细节，重点标记异常边界和文案提示，区分全局说明和局部说明，尽可能将标注部分写得精简、明确和全面。

一个好的数字产品原型能让设计者、管理者和用户更深入地理解和思考数字产品的实现，减少问题的出现。将抽象的数字产品结构、流程和逻辑等内容具象化，转化为具体形象、交互界面和输出说明等，就是数字产品原型设计的工作。数字产品原型设计是对数字产品结构图和流程图的一个更形象的表达，能够为后续使用者的查看与沟通提供基础的支持，便于后续修正与维护数字产品，在整个数字产品的设计过程中处于十分重要的地位，起着承上启下的作用。

第二节　界面设计

"界面"不仅是物体与物体的接触面，也是人和物（人造物、工具、机器）在互动过程中的接触面（窗口）。从广义的角度来看，人造物与人的互动界面如方向盘、仪表盘、中控台等均属于用户界面。而从狭义的角度来看，界面设计（User Interface Design）简称 UI 设计，是指对数字产品的人机交互、操作逻辑、界面视觉表现的整体设计，需要选取合适的界面元素以达到让用户在界面上完成操作时感觉易懂、易用和高效的目的。数字产品的 UI 设计分为实体 UI 设计和虚拟 UI 设计，互联网常用的 UI 设计是虚拟 UI 设计。好的 UI 设计不仅能让数字产品富有个性、充满吸引力，更能让数字产品的操作变得简单、舒适、自由，充分体现数字产品的特点。

根据彼得·莫维尔和路易斯·罗森菲尔德（Louis Rosenfeld）的观点，数字产品的 UI 设计需要解决三个问题，即内容、用户和交互，三者的统一即产生确定的界面，而界面又体现了数字产品的信息内容与设计逻辑的双重性。信息内容以信息架构的方式体现在界面设计中。信息架构是指实现对信息和设计环境、信息空间或信息体系结构的组织，通过调查、分析、设计和执行过程，进行组织系统、标识系统、导航系统和检索系统的设计，以满足需求者的信息需求，实现他们与信息交互的目标。设计逻辑在界面中体现为交互方式和视觉表达。所谓交互是指以一定的方式实现人与数字产品为完成任务而进行的信息交换过程，这样的交互经历了基本交互、图形交互、语音交互、触感交互及体感交互等不同的发展阶段。在一定程度上，无论哪一个时代的数字产品都依赖人的视觉。视觉设计展现了以文字、图形图像、符号和空间流动为核心的信息空间。

一、视觉设计

视觉是人类获得外界信息的主要感官之一。在所有人类感知的外界信息中，来自视觉的信息占了 83%。视觉感知的图像的基本元素是由框、点、线、形状及造型构成的，造型显示了物体的深度。当物体通过某个场域被显示出来时，这个物体被称为图像，场域或背景被称为底。当然，物体也可以通过其他不同的方式与背景展示出区别，如边界的纹理、轮廓的亮度、运动的边界及颜色的差异等。因此，视觉设计的目的是在呈现数字产品信息的同时，表达数字产品的审美诉求和信息空间构成，通过合适的图像、字体、色彩和版面布局来提升数字产品的可用性。视觉设计的原理、原则和要素以基础的美术原则为依据，视觉设计致力于优化数字产品界面的用户体验。

（一）视觉设计原理

视觉设计是指利用视觉符号来传递数字产品信息内容和设计逻辑的设计，设计者是信息的发送者，传达的对象是信息的接收者，文字、图形、色彩等视觉元素是最基本的艺术创作要素。

每一个数字产品的视觉设计最终呈现出来的视觉表现均不相同，每一个视觉界面都有不同的组成元素，这些组成元素如文字、组件、图标等相互交融，并在特定的条件下实现它们在视觉表达上的一致性。从整体上看，视觉设计的内容构成涉及三个方面，即形、色、质。视觉界面的"形"分为外形和内形，外形侧重视觉界面的外在具体形状，内形是对视觉界面的内容进行并列或分割的排版组合。视觉界面的"色"是最直观的展示，色彩的运用及搭配所产生的感觉是影响视觉一致性的前提。"质"即视觉界面的厚度，受多方面的设计元素的影响，例如，形状和色彩通过一定的构造可以产生厚重感。视觉设计原理应该体现不同元素的构成，形成美且协同的原则，满足人们的审美诉求。

1.统一性

统一性是指界面中的所有元素在视觉或概念上呈现出一致性。如果界面元素不一致，会给人一种信息散乱、没有视觉焦点的感受，反之会给人一种整洁的感受。因为界面的构成元素之间本质上具有关联性，所以这些元素应该保持形态一致、色彩协调、间隔相同，使元素之间形成呼应关系，从而隐喻或反射出事物之间本来的关系。

当然，视觉设计中的统一是相对的。如果所有元素、属性和空间都严格遵循统一性，容易给人一种单调和枯燥的感觉。因此，根据数字产品的特点，设计者可适当打破统一，搭建视觉的主次感，如在基本的形状中加入新的形状，在一成不变的配色中添加新的色彩等。需要注意的是，打破数要小于统一数，即界面整体保留统一属性，只通过局部或个别突出的差异提升视觉的层次感。

2. 格式塔

格式塔是格式塔心理学或完形心理学的简称。格式塔重要的基础是整体性，也就是当人们认知一个物体时，会通过视觉找出轮廓并与以往脑中认知过的物体进行比较，进而迅速地辨认和感知物体。与之相关的法则是蕴涵法则。蕴涵法则包括接近原则和闭合原则。在接近原则中，相互接近的点或线条在人的知觉中会自发地联合起来；在闭合原则中，如果一个线条形成了一个闭合或几乎闭合的图像，那么人们在同质背景下便不再仅仅知觉到一条线，而是看到由线围起来的面，即所谓的图像。也就是说，人们通过视觉来辨识图像，进而产生认知。这个过程除了与图像本身的组织形状和轮廓相关，还与人们以往所认知过的物体记忆和经验相联结。因此，人们可以通过设计视觉元素来辅助认知，并通过视觉传递信息。

接近原则被充分用于购物网站中的商品展示，每个商品的名称、价格、图片及评论信息被密切地关联在一起。同时，设计者通过留白将不同的商品区分开来。封闭原则被更多地用于 Logo 设计和图标设计中（见图 3-1）。例如，设计者往往通过简洁明快的线条表现丰富的图形，或反向运用格式塔让小图形拥有大意义。

图 3-1　格式塔下的图标设计

3. 空间性

空间感在一定程度上影响界面的视觉效果与美感。巧妙地利用空间，不仅可以集中用户的注意力，丰富界面层次使其更具观赏性，还可以明确界面主次元素以便更有效地传达信息。空间形式包括正负空间、层次空间、区域性空间和三维透视空间。

如果图或形是正面、积极的视觉元素，那么其所占有的空间是"正空间"；与"正空间"相对应的空间是"负空间"。两种空间都在数字产品的视觉设计中有很好的运用。"正空间"往往用于突出重要事物，如网络游戏中的人物、企业网页上的核心产品；"负空间"则用于把人的注意力吸引到内容的设计上。

层次空间利用形态元素，即点、线、面等的组合，通过重叠、覆盖、遮挡、距离、透明、色彩、明度及大小等表现形式的变化与对比产生层次空间感。建立合理的层次空间，能促使界面中复杂的视觉元素变得有序，从而给人带来视觉上的流畅感与舒适感。

通过元素在界面中的占有与分割可以得到区域性空间。分割界面是视觉设计的重要原则，因为基本的比例关系会对视觉造成第一次冲击。由占有和分割的不同而形成的不同区域性空间，将构成不同的界面版式，如网格版式、轴式、斜轴式、放射式、膨胀式和自由式等。

三维透视空间是借助透视学原理打破正常的空间形式而形成的具有强烈真实感的空间形式，打破的方法包括形体大小、明暗、色彩深浅、冷暖差别、远近层次的变化等。三维坐标的空间变换也就是透视变换，其本质是将图像投影到一个新的视平面，得到的投影就是透视投影。透视投影是为了获得接近真实三维物体的视觉效果而在二维平面上绘制或渲染的一种方法，它具有消失感、距离感、规律性等一系列的透视特性，可以逼真地反映可视化对象的空间形象，通常用于动画、视觉仿真等领域。

块状界面模式对空间性原则的运用比较多，即在一个明确的空间区域表现统一的信息组合，并通过空间的连续性体现层次结构以进行信息识别，如图 3-2 所示。

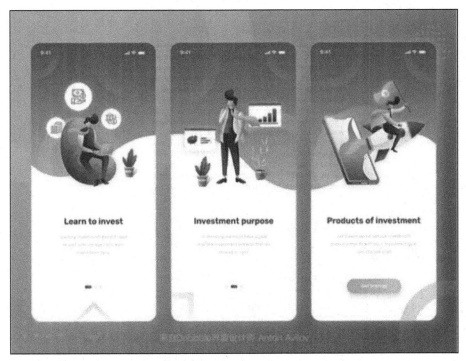

图 3-2　空间性原则的运用

4. 视觉层次

　　视觉层次是指对信息进行组织和排序进而形成一定的层级，一般通过大小、颜色、形状、质地和方向的变化来实现。例如，当通过醒目的标识或细小的设计来提示用户所处的位置及重点信息时，设计者可以将最重要的元素设计得大一些，将其放在上方，相对于其他项目缩进或悬垂，将色调、饱和度、色相值与背景色的对比设计得强烈一些；同时将不太重要的元素设计得小一些，降低其相对于背景色的色调、饱和度和色相值，将其放在下方，与其他项目对齐。当然，设计者在调整这些属性的时候应该保持谨慎，有时候改变其中 1 ～ 2 个属性就能够达到较好的设计效果。视觉层次的示例如图 3-3 所示。

图 3-3 视觉层次的示例

视觉层次还包括信息内容之间的关系。为了传达元素之间的关系，人们需要确定场景中的元素如何被使用。对于经常被同时使用的元素，我们可以通过在空间上将它们组织在一起来减少手指和鼠标的移动。对于不同时被使用，但具有相似功能的元素，我们也可以在视觉上将它们组织在一起，让用户感知到元素之间的关联，并向用户暗示元素和视线的顺序关系。在很多情况下，我们只需在相邻元素之间设定不同的距离，就可以有效地实现分组；而对于不相邻元素的分组，我们只需赋予它们共同的视觉属性。

5.对比与平衡

对比是视觉界面中视觉存在的前提，如果界面只有单色，如只有白色或黑色，就不能产生形象，只有通过对比才能表现出形象。对比的形式较为广泛，既有外显的形式，如大小、明暗、黑白、强弱、粗细、浓淡、远近、软硬、曲直、轻重、锐钝、虚实的对比；也有内隐的形式，如动静、节奏、韵律的对比。在视觉设计中经常用到的对比形式有方向对比、虚实对比、聚散对比和大小对比。方向对比用于带有方向性的视觉形象，在基本图形有方向（相似或相同）的情况下，可采用少数基本图形方向不同或相异的方法，突出特定信息内容并引导用户的视线流动，进而形成动态的视觉和信息空间。虚实对比是指图和底的空间对比，一般采用"图少底多"（图平衡）、"图多底少"（底平衡）及"图底相等"（双方平衡）的方式。聚散对比是指由密集的图形与松散的空间形成的对比关系，包括主次关系、图形的穿插与变化、节奏与韵律。大小对比是指将整个界面中的元素按照大小排列，适合表现主次关系。

对比会影响界面元素的统一，给界面带来层次感。对比是为了美，也是为了协调。因此，对比与平衡相互依赖。从界面角度来看，视觉平衡是视觉元素在界面构成中的分布状态，是对不同元素近似性的强调，使两个或两个以上的元素具有共性，进而形成整个视觉界面的平衡、安定和统一。从用户感知来看，视觉平衡由重力和方向两个因素确立。重力由位置决定，视觉元素越远离平衡中心，其重力越大。当然，重力也取决于大小、比重和明暗等对比元素。方向对视觉平衡的影响同样也由位置决定，当空间元素离开平衡轴（垂直或水平）的时候，就会出现方向性的拉力。任何设计都要通过各种力（如色彩、位置、轴线方向）的相互作用来形成整体的视觉平衡，即表现数字产品所反映的人类社会的反复、重叠，以及期望的和谐。视觉平衡的示例如图 3-4 所示。

图 3-4 视觉平衡的示例

6. 比例与尺度

在数字产品的界面设计中，尺度的确定非常重要，尺度的准确性直接影响后续的设计、开发、适配及视觉效果。尺度是指视觉元素的规模范围，其通过元素之间的尺寸关系产生视觉吸引力和表现深度。

比例是指界面中各个视觉元素构成部分的大小、长短、高低在度量上的比较关系，一般不涉及具体量值，是一种视觉上的审美度量关系。在实践中运用最多的比例关系是黄金分割比例，此外还有整数比例、相加级数比例和均方根比例。黄金分割是指将整体一分为二，较大部分与整体部分的比值等于较小部分与较大部分的比值，比值约为 0.618，这个比例是公认的最具美感的比例，因此被称为黄金分割比例，如图 3-5 所示。整数比例是指由正方形的基本单元组成的不同的矩形比例，如 1：2、2：3、4：5，这样的整数比值能使元素之间产生明确的秩序感。相加级数比例是指由中间值比例所得的比例序列，构成相加级数比例的数字基础非常简单，由 1、2、3 开始，产生无限数字系列，3 为 1 与 2 之和，以后出现的一系列数字全部遵循上述简单的原则，这个原则在视觉的场域设计中常被采用。均方根比例是指由 1：$\sqrt{2}$、1：$\sqrt{3}$ 等一系列比例形式所构成的系统比例关系。将这个比例反映在几何图案上会出现一种非常自然、有规律的严谨重复关系，具有和谐的动态均衡美感，均方根比例在数字产品设计领域中的应用较为广泛，如图 3-6 所示。

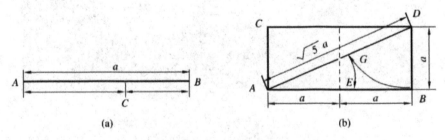

(a)   (b)

图 3-5　黄金分割比例

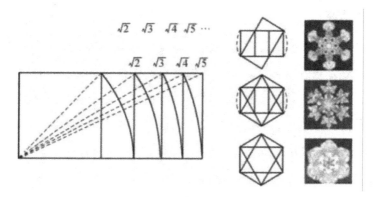

图 3-6　均方根比例

7. 聚焦原则

焦点是指视线停留的元素，也是数字产品界面中最吸引人的地方和视线集中交汇的地方。焦点可以通过圆形和留白将用户吸引到关键的位置，或运用颜色和四周具有动感的斜线来聚焦中心点。吸引注意力的方法涉及人们的基本观察力，大多建立在诸如大小、颜色、动作等方面的对比上。

在一定程度上，焦点原则是相似性原则的逆向运用。在界面的视觉设计中，设计者往往将关键设计点放在焦点上，如"下载按钮""购物车"等设计点，目的都是引起用户注意以促进用户下载或购物。

8. 相似性与连续性

相似性是指设计语言的相同或相似。在界面设计中，视觉元素往往采取一致的行动顺序，在主界面与其他层次界面中使用相同的颜色、布局和字体等。相似性原则通常用于整体设计，如游戏界面的整体形式塑造、艺术家个人主页的整体风格设计等。

连续性是指有规律的元素排列。人脑倾向于将连续的形体看成一定的形状并通过形状解读构图与信息。连续性也是一种秩序，是元素联系密切的表现，有利于用户浏览和阅读数字产品。连续性原则一般用于轮播页面设计。

9. 简洁性

一般来说，界面应该保持简洁，让最少的视觉和功能元素发挥出最大的效能，形成高效率的视觉传达。如果界面的信息太多，就难以使用户集中注意力，难以传达出设计者想要表达的信息，用户会有压迫感。界面上的视觉噪声一般是由过多的视觉元素造成的，视觉上过分装饰、混乱、拥挤的屏幕都会加重用户的认知负荷。如果两个元素只存在一些细微的差异，那么设计者就需要进行调整，将两个元素做成相同的项目，或者干脆放弃某个元素。

（二）视觉设计元素

1. 情景

在视觉设计中，情景是一个重要的元素。情景是用户使用数字产品时所处的环境或背景。例如，用户是否在移动的过程中打开界面，是否在光线较为强烈、极富变化的环境中观看界面，是否远距离、短时间留意广告，是否在光线较为柔和的室内完成工作，是否通过不同的角度浏览信息等。这些情景都会影响用户体验，我们在进行视觉设计时需要根据各个数字产品的不同应用场景来调整数字产品的细节部分。具体的情景设计需要通过对用户模型和情景的分析，了解该数字产品是基于什么平台（手机、电视、广告屏）进行设计的，它的分辨率是多少，适合的字体大小和最小点击区域有多大等。同时，具体的情景设计还应该考虑用户会投入多少注意力与该数字产品进行互动，即用户的交互姿态如何。例如，用户通常在视频类、教育类 App 中投入更长的时间，而在金融类 App 中可能完成转账或查询账单的动作后就离开了。

情景设计是一种立体的设计思维，它涉及空间、时间和人物。其中，人物是重中之重。数字产品可以通过联觉的方式进行立体的情景设计。数字产品在展示直观信息及整体氛围的同时，还应该满足用户视觉和精神上的需求，使用户更易于接受信息和内容，给用户更优质的体验。

2. 基本元素

点、线、面是最基本的视觉元素。线在点与面之间起着过渡作用。线比点更充满动感，能够营造活泼的气氛；线比面更多变，可以形成韵律。两点之间的连接即为线，线的折叠即为面。线被用于定义形状、生成分区、形成质地。线本身也充满变化，直线、曲线、锯齿形线、螺旋形线、捻线、条纹线、蔓草线、锤纹线等体现了线的多样性。对于同一条直线，不同的人会因习惯、力量、姿势的不同而有不同的描绘方式。线具有典型的多样性，不同的线的形态所呈现出的视觉效果也是不同的。水平线一般具有平静、延伸、简单、广阔的感觉；垂直线则具有挺拔、坚毅、力量上升的感觉；斜线会让人产生方向、加速、不安、运动的感觉；几何线一般具有运动、圆滑、完整、变化的特点，给人一种合理、规律的感觉；自曲线则具有弹性、含蓄的美。线在数字产品的视觉设计中承担着引导方向、建构边界及控制宽度等作用。

万物皆有形。形状是人们视线所见的一切的基石，形状的含义在一定程度上揭示了人如何理解其所见的世界。形状不仅是实用的工具，也是视觉交流的工具，可以帮助设计者用非语言的方式传达情感。如果依据形状具有的共同含义来对其进行分类，形状有简单形状和复合形状、有机形状和无机形状，还有抽象形状和非抽象形状。简单形状也被称为图元，即基本的几何形状如正方形、三角形、圆形等，以及它们各自对应的"体"如立方体、圆锥体和球体等；复合形状是由简单形状构成的更为复杂的形状。无机形状即人造物体的形状，如机器的形状；有机形状即自然界生成的形状，如高低起伏的山峰形状。抽象形状通常由简单形状和复合形状构成，但却更强调象征性。毫无疑问，不同的数字产品会根据其本身的特点及用户的特征选择不同的形状元素。例如，挑战自然环境的游戏产品有可能选择树木和棚屋共同构成的自然三角形来营造危险感。

形状在数字产品中的典型应用为图标与按钮。图标是指放置在主屏幕上的应用标识，其通过视觉形象向用户提供信息和引导，用户通过点击图标启动应用。图标往往形成用户对数字产品的第一印象。按钮是视觉设计和交互设计的基本元素，是用户与数字产品沟通交流时的核心组件，是图形化界面中最早出现的元素，也是最为常见的交互对象。用户在与数字产品进行交互的过程中，通常基于以往的经验和视觉对当前视觉界面中的元素进行判断。在设计按钮时，设计者需要运用合适的视觉符号如形状、颜色、阴影、纹理、尺寸等来帮助用户理解并操作。部分按钮展示如图3-7所示。

图 3-7　部分按钮展示

3. 色彩

色彩会对人的生理和心理产生影响。无论什么样的数字产品，色彩是其视觉表达和表现的重要构成。格拉斯曼（Grassmann）将色彩混合现象及配色原理综合起来，提出了格拉斯曼定律（三色定律），其为人类对色彩的感知提供了一个经验定律，即色彩由色相（色彩特质）、明度（色彩明暗度）和彩度（色彩纯度）三要素构成。色彩是人类眼睛接收信息后产生的第一印象，也具有心理层面的感觉。人类在接收色彩传达的同时，会对色彩的膨胀与收缩、轻重、软硬等产生认知判断。印象、记忆、联想、象征、经验与传统习惯等都会影响人们对色彩的反应程度，例如，色彩冷暖会影响人的兴奋感或沉静感的产生。

对数字产品而言，色彩奠定了整个界面的基调，往往能够使用户在看到界面的第一眼就对其产生情感。在设计界面时，设计者需要考虑目标用户、环境、内容和品牌等，并针对不同的用户群体选用相应的配色。一般情况下，设计者会将主体颜色用在界面的抬头位置或主体元素上，再辅之以其他配色进行平衡搭配。

颜色的设计包括界面的色值、色调、饱和度等方面的设计。界面设计常采用 RGB（Red、Green、Blue）、HSL（Hue、Saturation、Lightness）、CMYK（Cyan、Magenta、Yellow、Black）色值。RGB 是基于色光混合的原理设计的，是一种以硬件为导向的色彩模型。HSL 则通过色相（Hue）、饱和度（Saturation）和亮度（Lightness）来描述色彩。"H"揭示的是人眼所感知的颜色范围（色相环），取值范围是 0°～360°。"S"的值一般在 0～100% 之间，描述相同色相、明度下色彩纯度的变化。"L"的作用是控制色彩的敏感变化，取值范围是 0～100%。HSL 的不同取值可以形成不同纯度、明暗和通透度的色彩，对色相值深浅对比的运用可以直观地突出界面中的视觉要素和信息内容。

色调容易让人们产生与其社会背景、文化和风俗习惯相关的联想。在色调的选取上，设计者不宜使用过多的颜色，否则用户在长期使用数字产品的过程中会产生视觉疲劳。另外，在大众群体中，有些人有先天性色觉障碍，这就需要设计者尽量避开用色调区分内容的设计。

高饱和度与低饱和度颜色的相互配合可以增强明暗对比并突出主体内容。但是，颜色不能过于饱和，那样会给用户带来视觉上的负担；颜色也不能过于黯淡，那样会不易区分整体内容的层次结构。

整体的色彩搭配要协调、和谐，要有层次感、节奏感和美感。设计者应该选择相近或相反的颜色进行搭配，合理运用搭配技巧，结合色值、色调、饱和度和其他色彩的特性，依据不同用户的需求，利用色彩的变化展示所要表达的情绪。色彩搭配的原则有邻近色搭配、同类色搭配、对比色搭配、深色与浅色搭配、冷色与暖色搭配、无彩色与有彩色搭配等。黑、白、金、银、灰被称为无彩色，它们给人的感觉往往比较无聊、沉闷，将二者合理搭配可以平衡画面。另外，无彩色可以和任何颜色进行搭配。在这些搭配中，设计者需要注意色彩面积的平衡搭配。如果界面中两种或更多种颜色的面积大小近似，会让人感觉呆板，缺少变化；而改变色彩面积后，就会给人的心理遐想和审美观感带来截然不同的感受。因此，界面中要有主色、辅助色和点缀色，一般来说主色基本要占据整个界面面积的70%，辅助色占据25%，点缀色占据5%。花色界面是带有插画、图案等较为复杂的画面，给人更多的喧闹感。而干净简单的纯色界面则给人更多的安静感，设计者只要将花色与纯色进行适度搭配就可以让界面达到一个平衡的状态，将喧闹和安静中和起来，使整个界面有一种和谐感。当相邻色块的色彩对比过于强烈时，设计者可以用另一种过渡色来进行间隔，平衡搭配，以降低对比度，产生缓冲的效果。如果相邻色块的色彩过于融合，设计者也可以用另一种过渡色来进行间隔，使模糊的边界变得清晰、明朗。在选取过渡色时，设计者可以使用无彩色，也可以使用两种原色彩的中间色，但所选颜色一定要与两种原色彩有区别，否则效果不明显。

📖 拓展阅读：色彩心理学

色彩心理学是研究色彩对人的心理影响的一门学科。人们的色彩心理从视觉开始，到知觉、感情再到记忆、思想、意志、象征等。

1. 色彩知觉

人们看见色彩所产生的第一感觉即为色彩知觉，它是一种下意识的反应，具有普遍性。光的波长与色彩知觉紧密相关，波长和频率会影响色彩带给人们的感受。

人们区分色彩的能力是有限的，受深浅度、色块的大小、分隔的距离三个因素的影响较大。两个色块的色彩越不饱和，人们越难以区分；色块越小，人们越难以区分；两个色块的间隔距离越远，人们越难以区分。因此，在设计利用颜色代表不同含义的色块时，对色彩的选择要具有区分度，色块不宜太小，两个色块之间的距离也不宜太远。

色彩知觉还受外部因素的影响。数字产品的屏幕技术、程序、色彩设置会直接影响人的色彩知觉。环境光也会影响人的色彩知觉，在强光下，屏幕上的明暗色彩相差不大；而在昏暗的环境下，屏幕上的明暗色彩差别极为明显。设计者在设计时应该避免采用差别较小的颜色，多使用色彩之外的提示来辅助传递信息，如色彩＋形状、色彩＋图标等。

2. 色彩的冷暖

色彩的冷暖属性和其他属性一样，是由色彩之间的比较产生的。一般来说，在色相环上，位置越接近黄色，颜色越暖；位置越接近蓝色，颜色越冷。冷暖对比会让数字产品的内容产生层次感和艺术感。例如，用受光的暖色与背光的冷色形成对比，可以表现阳光的感觉；在色彩同等明度的情况下采用冷暖对比可以很好地表现物体的体积感觉；在以同类色组成的界面色调中，冷暖的差别可使色彩互增价值，从而带来丰富感和节奏感。

3. 色彩的距离感

色彩的距离感与色相和明度息息相关，高明度的暖色在视觉上感觉凸出、扩大，而低明度的冷色在视觉上感觉后退、缩小。在色相环中，白色和黄色的明度最高，给人的凸出感最强；而青色和紫色的明度最低，给人的后退感最强。色彩的这种特性也被称为诱目性，是相对背景色而言的，例如，在黑色背景下，色彩的诱目性顺序是黄＞橙＞红＞绿＞青，而在白色背景下，色彩的诱目性顺序则是青＞绿＞红＞橙＞黄。

4. 色彩的重量感

色彩能让人产生轻或重的感觉。重量感取决于色彩明度的高低，明度低的色彩重量感强，明度高的色彩重量感弱。设计者在设计时可以通过改变元素色彩的视觉重量来调整界面颜色的平衡，对于体积大的元素可以提高其透明度，降低明度和纯度；对于体积小的元素可以降低其透明度，提高明度和纯度，以此来达到平衡色彩和版面的目的。

各种色彩与人们心理感受的对应情况如表 3-1 所示。

表 3-1　色彩与心理感受对应表

心理感受	左趋端	积极色	中性色	消极色	右趋端
明亮度	亮	白＞黄＞橙＞绿、红	灰	青＞紫＞黑	暗
温暖度	暖	橙＞红＞黄	灰＞绿	青＞紫＞白	冷
距离感	近	黄＞橙＞红	绿	青	远
重量感	轻	白＞黄＞橙＞红	灰＞绿	青＞紫＞黑	重

5. 情绪轮盘模型

美国心理学家罗伯特·普拉切克（Robert Plutchik）于 1980 年绘制了情绪轮盘模型（见图 3-8），即设计者通过不同情绪的结合，创造不同层次的情绪反馈，可以加强用户在使用数字产品时的情感共鸣。这个模型不仅可以帮助设计者厘清各种情绪之间错综复杂的关系，还可以作为视觉设计中的"调色板"。在该模型中，颜色越深越靠近轮盘的中心，其所代表的情绪越强烈，颜色越浅越靠近轮盘的边缘，其所代表的情绪就越平和。

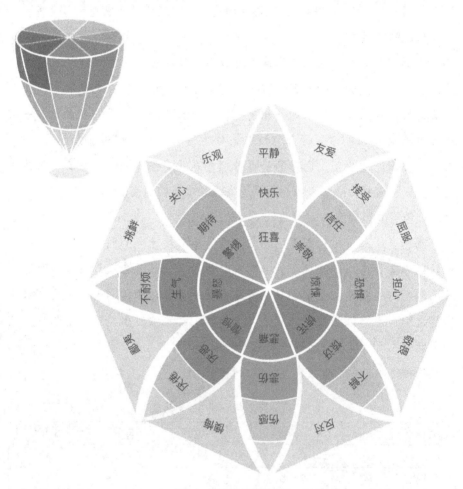

图 3-8　情绪轮盘模型

6. 色彩的联想和象征

App 图标、界面和网页的颜色大多是依据色彩心理和联想象征来设计的。

（1）App 图标设计

红色可以快速抓住用户的眼球，吸引用户的注意力。购物类 App 的图标多用红色、橙色等色彩鲜明的暖色调，如京东、拼多多、天猫、淘宝、闲鱼等。影视类 App 用于休闲、放松，其图标多为绿色、蓝色等冷色调，如爱奇艺、腾讯视频、优酷等。工作、学习类 App 的图标多用蓝色，给人专注、专业的感受，如钉钉、百度、知乎、腾讯会议、百词斩等。另外，睡眠类 App 图标也多用蓝色，给人静谧、舒适的感觉。年轻用户较多的 App 的图标会使用灰色、黑色、白色等无彩色，给人较为时尚、年轻、神秘的感觉，如 Keep、抖音、得物等。当然，数字产品原型设计中的色彩也受环境、节日的影响，例如，在春节期间，大部分 App 图标都会变成红色以表达喜庆之意。

（2）界面设计

与 App 图标设计的色彩不同，界面设计的色彩往往更为丰富。一般情况下，App 的界面都有一个主色调，然后运用色彩搭配原则添加一些辅助性的颜色，并且界面的底色为纯色。大部分常用 App 的界面色彩以蓝色、黑色和白色为主。如果界面的色彩主调为红色，会给人热烈、厚重之感，有强烈的视觉表现力，但是，红色元素的面积往往比较小；如果界面的色彩主调为绿色，容易营造轻松、明快的氛围；如果界面的色彩主调为蓝色，会给人平静、成熟、稳重之感，不容易造成视觉疲劳，蓝色是较为合适的用户界面色彩；如果界面的色彩主调为黑色和灰色，会给人时尚、优雅、神秘的感觉，能更好地表达光影效果，而且黑色和灰色的背景与白色的内容对比强烈，能够更有效地突出重点内容。由于黄色对视觉的刺激较为强烈，有警觉、醒目的效果，不适宜用户长时间观看，因此以黄色为色彩主调的界面比较少。

抖音 App 界面的色彩主调为黑色，运用经典黑白对比的同时，使用少量的黄色作为重点内容的显示标记。黄色重点标记区域在大量的文字信息中被瞬间凸显出来，便于用户及时找到。而抖音 App 的图标用故障艺术的效果体现了标志的抖动感，符合抖音 App "抖"的特征，展现了视频软件的丰富性和活跃度，黑白配色更显时尚和潮流，让用户第一眼就有轻松愉悦的感受，如图 3-9 所示。同时，抖音 App 界面采用扁平化的风格，界面简洁时尚，符合年轻用户群体的审美。因其用户大多会在环境光较暗的室内或乘车等碎片化时间观看，所以抖音 App 使用黑色作为色彩主调更合适，黑色的背景更适合环境光较暗的场景，不会给眼睛带来负担，也更加省电。

图 3-9　抖音 App 图标与用户界面设计

（3）网页设计

① **原色设计**。三原色在色相环上是对立的远距离色相，常被用于对比色，但是使用三原色作为主体色的设计也很多。红色历来是我国传统的喜庆色彩，给人温暖、兴奋、活泼、积极等向上的感觉，有时也有暴力、危险的意味。低明度的红色是庄重、稳重、热情的颜色，而高明度的红色会

给人柔美、梦幻、甜蜜的感觉。

黄色有光明、辉煌、快乐、希望、明朗、轻快的个性，能引起人们对酸性食物的食欲；有时也会引起轻薄、病态、软弱等的负面联想；在一定程度上还可以起到警示作用。淡黄色让人感觉平和、温柔；米黄色是很好的休闲色；深黄色则有一种高贵、庄严感。

蓝色在现代逐渐成了科学的象征色，给人理智、严谨、深远的感觉；另外，蓝色有时也代表忧郁与悲哀。浅蓝色代表明朗而富有青春的朝气；深蓝色代表沉着、稳定，是中年人普遍喜爱的色彩。

②**邻近色设计**。色相环中相距60°，或者相隔三个位置以内的两色，为邻近色关系。例如，红色和黄色，绿色和蓝色，互为邻近色。相邻色系给人的视觉反差不大，显得较为安定、稳重，同时又不失活力，是一种恰到好处的配色类型。

③**对比色设计**。色相环中相距120°～180°的两色为对比色。例如，粉色和绿色互为对比色。运用对比色可以产生较为强烈的对比，视觉反差大，冲击力较强，适合突出重点内容。

4. 位置与方向

位置体现了物体在空间范围内的相对关系，这种空间关系可以传递逻辑层次信息，层级高的内容占据重要的位置。物体的位置通常与大小结合使用，重要的元素相较于其他元素的位置更靠前或居中，在界面中所占面积的比重也相对较大。

物体位置关系的远近亲疏可以用亲密性来解释。所谓亲密性原则是指彼此相关的元素应靠近并被归组在一起。亲密性原则有助于组织信息，减少混乱，为用户提供清晰的结构逻辑。将相关的元素分在一组，建立更近的亲密性，使之成为一个视觉单元，能自动实现条理性和组织性。如果界面内的信息很有条理，那么用户更容易阅读和记住信息，使用亲密性原则设计界面的示例如图3-10所示。

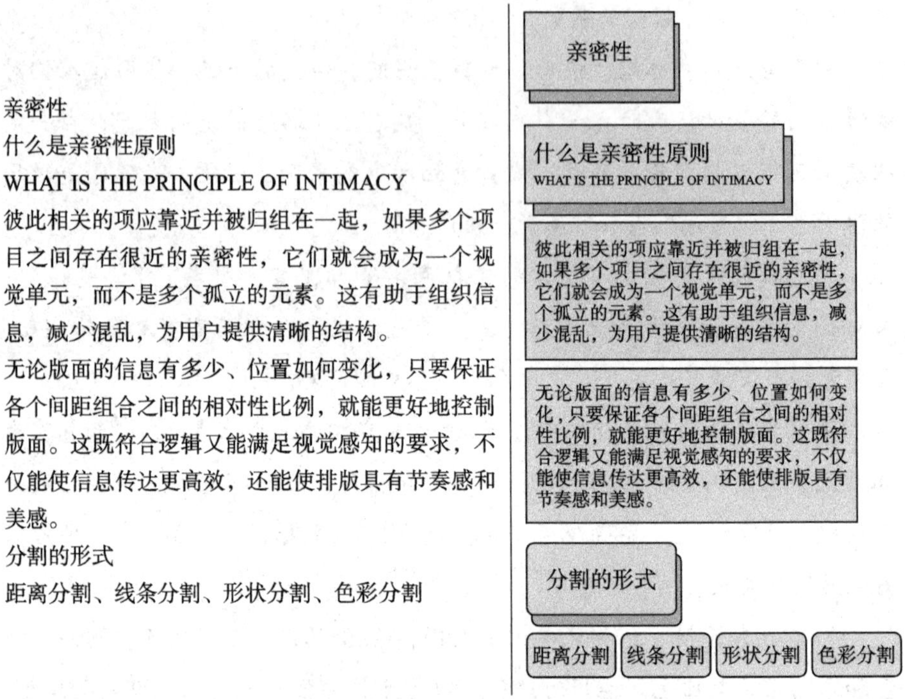
亲密性
什么是亲密性原则
WHAT IS THE PRINCIPLE OF INTIMACY
彼此相关的项应靠近并被归组在一起，如果多个项目之间存在很近的亲密性，它们就会成为一个视觉单元，而不是多个孤立的元素。这有助于组织信息，减少混乱，为用户提供清晰的结构。
无论版面的信息有多少、位置如何变化，只要保证各个间距组合之间的相对性比例，就能更好地控制版面。这既符合逻辑又能满足视觉感知的要求，不仅能使信息传达更高效，还能使排版具有节奏感和美感。
分割的形式
距离分割、线条分割、形状分割、色彩分割
亲密性
什么是亲密性原则
WHAT IS THE PRINCIPLE OF INTIMACY
彼此相关的项应靠近并被归组在一起，如果多个项目之间存在很近的亲密性，它们就会成为一个视觉单元，而不是多个孤立的元素。这有助于组织信息，减少混乱，为用户提供清晰的结构。
无论版面的信息有多少、位置如何变化，只要保证各个间距组合之间的相对性比例，就能更好地控制版面。这既符合逻辑又能满足视觉感知的要求，不仅能使信息传达更高效，还能使排版具有节奏感和美感。
分割的形式
距离分割
线条分割
形状分割
色彩分割

图 3-10　使用亲密性原则设计界面的示例

现实世界的空间之间的关系一般用方向和坐标来表示。方向感是指当人置身于某个场所时，能够辨别方向并明确自己与场所关系的能力。人们凭借天然的空间感和方位识别能力辨认空间和位置线索，知道自己在哪里，以及如何在空间中移动。数字产品的虚拟世界不存在实体的地标等线索，那么空间、方向及用户的视线流动都是位置和方向元素需要承担的任务，如图 3-11 所示。在视觉设计中，位置可以通过层叠样式表工具来实现。它提供定位属性来定义界面元素，“块级”元素如标题、段落会自动从新的一行开始，行内元素如图片会排列在上一个元素后面。此外，它还界定了相对定位、绝对定位、浮动定位及元素堆叠等。相对定位即相对于基本定位的偏移，如向左、向右，向上和向下。绝对定位是将元素从当前界面中移除，主要参照最近已定位的祖先元素。浮动定位是指向左或向右浮动，通常用宽度属性来界定。元素堆叠是指后出现的元素显示在更早出现的元素上面。

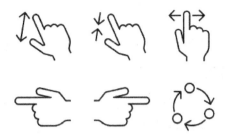

图 3-11　不同图标所指方向的对比

5. 纹理

纹理是指视觉基本元素的表面质量（如光滑、粗糙、有无光泽等）。虽然在屏幕界面上，我们无法真正做出纹理的质感，但可以通过线条、斜面和阴影展现出纹理的外观，使屏幕界面看起来具有三维立体感和触感。纹理在界面设计中的使用非常广泛，例如，有指纹解锁功能的手机屏幕会出现类似指纹的图案，以提示用户此处可以使用指纹解锁；用户在准备点击按钮时，按钮下方会有阴影或动画，以提示用户在此处点击；界面元素上的褶皱或隆起一般代表拖动等。在拟物化的界面设计中，设计者可以利用纹理进行细化和修饰，增加界面与用户的互动频率，给平平无奇的设计注入节奏和活力，如图 3-12 所示。

图 3-12　纹理界面设计示例

6. 文字与版面

文字与版面在界面设计中占据非常重要的地位，恰当的文字和简洁的排版能更好地表达数字产品想传递的意图、突出数字产品的特性。

文字是视觉设计的重要元素之一，文字的功能在于表达思想和情绪。文字设计的目的是增强视觉效果，提高界面中信息和视觉元素的诉求力，赋予界面审美价值。文字设计体现了可视化、美观性和思想性。一般而言，文字设计包括字体选择、运用，以及文字和图形的组合运用。设计者往往根据字体的种类、大小、轻重和繁简等来选择字体。设计者一般根据界面的尺寸设计字体大小，要考虑所提供信息的重要性及环境的影响，不宜将字号设计得过大或过小，可以将主要信息的字号设计得比次要信息的字号大一些，以达到突出重点、传达层次分明的信息的目的。

当界面字数比较多时，设计者可以采用"有衬线"字体，其结构变化明显，区别度大，更容易被识别，不易让人产生视觉疲劳；当界面字数比较少的时候，设计者可以采用"无衬线"字体，其笔画粗细均等，比较醒目、庄重、有力量感，比较正式。在设计字体时，设计者要考虑表达内容的准确性、视觉上的可识性及表现形式的艺术性。

7. 动作与变化

数字产品的界面会随着用户的操作而实时变化。各种元素和组件随着时间的变化而变化，体现了一种在时间范围内的相对关系，这样的设计包括屏幕的切换模式、准备点击和点击时的动画、各种操作的超链接等。

将动作元素与方向元素结合使用可以给用户带来视觉反馈感。例如，在百度网页版中搜索"摇一摇"时，整体页面就会左右摇晃五下，模拟屏幕摇晃的状态。界面中动画的作用也是给人位置感和路线感，为用户指引方向，防止用户"迷路"。动画用微妙的方式让人们知道他们目前是停留在之前的界面，还是已经移动到另一个地方了。例如，当手机上突然弹出一个覆盖全屏的窗口时，如果这个变化是瞬间出现的且没有任何过渡，用户就会弄不清楚"这个"窗口和"之前"界面的关系，就会突然失去方向感。

虽然动画并不能代替可见的导航元素，但是它可以在一个流程或层次结构中向用户提示移动方向，这在复杂的导航结构中是非常重要的一环。例如，在苹果手机相册中切换相册时间范围时的缩放动画，能帮助用户充分理解分层信息空间的结构；阅读 App 中的图书翻页效果模拟了真实的翻书效果，如图 3-13 所示，可以帮助用户更好地适应手势翻页。

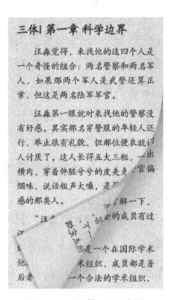

图 3-13　手势翻页动作

此外，动作元素不仅指界面中的切屏、动画，还包括各类移动设备在三维空间内的位置变化，例如，依靠微机电螺旋仪和加速度传感器实现对"摇晃"这一动作的检测。现在各大 App 出现了一种新的开屏广告模式，微博、知乎、腾讯视频、爱奇艺等 App 的开屏广告界面出现了"摇一摇"的功能，移动端用户只需轻轻摇晃手机就可以触发广告，随即跳转进入京东、淘宝、天猫、美团等第三方应用。

二、信息架构及设计

人们对信息架构（Information Architecture，IA）有多种不同的理解。

从广义上看，IA 是一种面向所有内容集合的信息组织理论和方法；从狭义上看，IA 是指组织信息内容和界面逻辑设计的概念和方法，重点对界面的组织系统、标识系统、导航系统和检索系统进行设计，从而呈现出清晰的、融合内容和设计的界面"地图"，使用户能够成功地体验界面包含的所有明显的和隐含的内容，并与之进行交互。

IA 的核心原则是易于理解、导航和扩展。除此之外，IA 还有七个基本原则。其中，客观与增长原则将内容视为真实的、客观的和动态的，并强调内容会随着时间的推移而变化和增长。选择原则是指虽然人们感知到的选择有很多，但真实的选择是有限的。信息披露原则是指信息是可预期和必要的。范例原则是指将信息内容和设计元素分类，并将不同的概念组合在一起。前门原则通常是指数字产品之间的关联。多重分类原则是指人们搜索信息的方式不同。集中导航原则是指导航菜单需要基于策略和逻辑对概念模型进行构建与表现。

基于上述原则，IA 的实现需要一个完整的过程，如图 3-14 所示。首先，IA 本身是一个信息生态系统，而且这个系统必须理解用户、内容和背景的相互依赖性。其中，设计者一般从类型、任务、需求、专业知识、信息寻求行为及体验等方面研究用户并构建用户画像；内容包括内容目标、文档和数据类型、范围和数量、现有结构、元数据、治理和使用权等；背景则包括业务目标、资金、政治、文化、技术、资源、工作流及约束等。

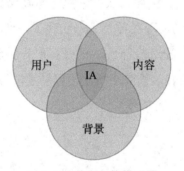

图 3-14　信息架构维恩图

其次，设计者在设计时需要理解 IA 创建、存储、访问和呈现信息的规范和标准。IA 的组织系统解决如何分类和组织信息的问题，组织结构包括层次结构、数据库、超文本及基于语义的知识图谱，可以从精确和模糊两个方向进行组织。精确方案适合对已知项目的搜索，每一个对象都有一个位置；模糊方案则更适合主题搜索和联想学习，这类信息内容较为杂乱且重合度较高，难以被创建和维护。IA 的标识系统解决如何表示信息的问题，包括导航栏选项、标题、上下文相关链接、受控词汇表和同义词表等。IA 的导航系统解决用户如何浏览或移动信息的问题，为用户提供背景（我在哪）和灵活性（我能去哪），使用户的操作有意义。IA 的导航系统主要有四种类型，即全局（站点范围内）、本地（子网站）、背景（页面级别）和补充（目录、索引、指南、搜索等）。IA 的检索系统解决用户如何查找信息的问题，搜索是很多大型网站中重要的用户界面元素之一。

当然，IA 还需要明确其类型。信息架构分为"自上而下""自下而上"及二者融合三种类型。"自上而下"的信息架构就像俯瞰森林的鸟瞰图，通过概念图、蓝图、互动流程、主页线框图等将不同的内容组合在一起，以改进搜索和浏览。"自下而上"的信息架构就像在地面上观察每棵树上的叶子，在单一、大量的内容中改进搜索和浏览，这个模式高度关注内容（内容模型、文档类型和元数据）。当然，两者的关系并不是互斥的，设计者在设计数字产品时往往同时从两个角度考虑，二者融合是必然的结果。此外，随着深度学习、知识图谱等技术和方法的发展，更多的信息表现和构建模式随之出现，如语义网络结构和知识图谱结构等。

此外，随着移动端应用的大规模发展，移动端界面因其空间大小、用户操作习惯及精确度要求与桌面端界面的不同而呈现出一些显著的差别。相应地，移动端界面的信息架构也逐渐形成新的模式，常见的模式有以下六种：层级结构、枢纽和辐射、嵌套模式、选项卡视图、仪表盘模式和过滤视图模式。层级结构是指创建包括指向其他页面的链接的索引页面，这些页面又包含指向更多子页面的链接。该模式适用于那些与桌面端界面具有相同结构的移动 App，导航结构不宜太复杂，以免用户在较小的移动屏幕上操作不便。枢纽和辐射是指创建包含需要导航到的轮辐的索引页面，同时，为了切换到另一个轮辐，用户必须先回到枢纽。该模式鼓励用户一次只专注一项任务，适合每个工具或功能都有自己的用途和内部导航的多功能移动 App。嵌套模式是一种线性模式，允许用户从对内容进行总体概述的索引页面移动到具有更多详细信息的页面。该模式导航清晰，适用于专注一个特定或几个密切相关主题的移动 App。选项卡视图与桌面端界面的"选项卡"的组织方法类似，内容被放置在不同的部分，用户使用工具栏在选项卡之间进行切换。该模式适用于被创建为工具的应用程序，但不能过于复杂，应尽可能简单和对用户友好。仪表盘模式具有不同的元素，允许用户一目了然地浏览、选择和使用最重要的信息。该模式适用于平板电脑上基于内容和多功能工具的移动 App。过滤视图模式可以让用户自由选择探索内容，并通过过滤所见内容在替代视图之间进行切换。该模式对显示大量内容（如图像或视频）的移动 App 而言是很好的选择。

移动场景和桌面场景下的信息架构是不同的。从设备的规格来看，用户与智能手机的交互是基于滑动和点击，用户与电脑的交互则是基于点击和键盘快捷键。移动端的屏幕更小，可容纳的元素更少，智能手机的联网速度可能没有电脑的宽带网速快，因此，基于移动端的数字产品的加载时间更需要被优化。从使用的场景来看，用户在步行或乘坐交通工具时会使用智能手机，因此，设计者需要考虑用户使用移动 App 时可能遇到的所有干扰。但是，无论是在移动场景下，还是在桌面场景下，IA 设计仍然以布局设计、导航设计和内容设计为主。

（一）布局设计

布局设计是指在有限的屏幕空间内，将界面的形态要素按照一定的艺术规律进行组织和排列，使其形成整体的视觉形象，最终设计出能够有效传达信息的界面。界面的布局设计决定了界面的艺术风格和个性特征，是数字产品理性思维与感性表达的产物，是形式和内容统一的表现。界面的布局设计由于终端显示载体的不同而具有不同的特色。界面的形态要素，如文字、图像、动画、影像等要素相当于语言中的单词，界面的形式法则和构成规律是将它们组合起来的句法和语法。

　　点、线、面、体是二维设计中的基本要素，是构成页面视觉空间的基本元素，它们之间的不同组合可以体现出不同的感情诉求。点、线、面、体的最大特点就是其相对性，极细小的形象就是点，极狭长的形象就是线，具有一定量感的点和线就是面，面的转折就是体。点的连续会产生线的感觉，点的集合会产生面的感觉，点的大小和虚实会产生深度感，几个点之间会有虚实的效果。点的形状、方向、大小、位置、聚散的变化，能够给人带来不同的心理感受和视觉冲击，产生各种不同的视觉效果，如图 3-15所示。

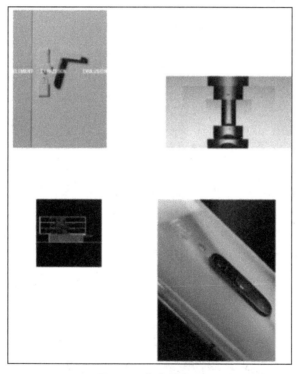

图 3-15　点布局页面

　　线是点的移动轨迹。在几何学中，线是没有粗细之分的，只有长度与方向。但在传统意义上，线是有其宽度的，线的宽度必须比长度小许多，比例越悬殊，线的感觉越强。线分为直线和曲线两种形态。直线有肯定、明晰、单纯、强性、男性化的特点，如图 3-16 所示；而曲线具有理性、明确、活泼、圆润、柔美、女性化的特点，如图 3-17 所示。

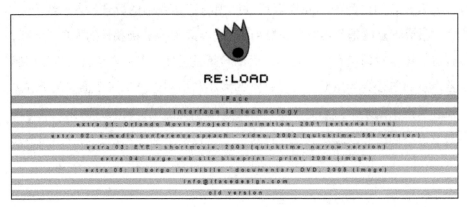

图 3-16　直线布局页面

图 3-17　曲线布局页面

　　点的扩大、集结、排列和线的移动轨迹都可以形成面，面通过各种切割与组合又可以获得新的面。根据所构成的线的形态的不同，面分为直线形面和曲线形面。直线形面具有理性、简洁、有序、坚固、安定、明快、冷漠的特点，曲线形面具有数理性、优美、活力、丰富、无序等特点。面既可以是有形的位置，也可以是虚无的空间。

　　点、线、面在界面中的运用不是孤立的，它们作为基本元素与其他元素一起构成信息空间，并遵守一定的形式美法则。例如，版式、字体、设计风格、均衡方式、色调明暗等都要遵循一致性和规律性原则。界面布局设计利用点、线、面等元素将界面划分为不同的视觉区域。结构分割分为框架式分割和自由式分割。框架式分割是一种理性的分割形式，是指利用各种不同的方形框架对界面进行分割的操作，如图 3-18 所示。自由式分割即利用各种显性或隐性的直线、曲线或交叉线自由分割界面，如图 3-19 所示。

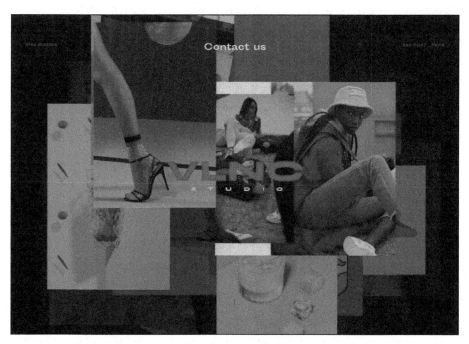

图 3-18　框架式分割

图 3-19　自由式分割

场是指界面的心理空间定式，也就是人们对空间的心理感知。物体间的相互作用力会诱导人们内心产生诸如稳定、失衡、紧张、放松、压抑等感觉反应。人们的心理在不同力的间接作用下，对空间所产生的知觉范围会成为心理力场。这种由主观精神世界对客观物理空间的感知联想，以及客观物理空间对人的心理世界的刺激作用所产生的互动效应，即为场效应。从这一角度出发，视觉力场就是通过对界面的合理编排"迫使"用户根据设计者的引导流程进行有效的视觉交互，并使用户在心理上产生的一种心理力场。布局设计中的场被划分为四方形场、椭圆形场、网格花纹场、台形场、带状形场、之字形场、块面形场、色彩场、综合场等多种类型。带有直线形的场往往代表着直接的诉求，简洁而强烈，有竖向、横向、斜向之分，带有曲线形的场往往更能体现流畅的美感，微妙而复杂，有 C 形和 S 形之分。

版面有满版与空版之分。满版是没有天头地脚和左右页边距的，此时版心即整个版面，版面率为 100%；版面率为 0 的版面被称为空版。从满版到空版的版面率是递减的关系。版面率与视觉传达效果、页面创意空间成反比。一般来说，版面率越大，视觉张力就越大，版面也会更活泼与热闹，如图 3-20 所示；反之，版面率越小，给人的感觉就越典雅与宁静，版面也会更有格调，如图 3-21 所示。与版面率对应的概念是留白率，留白是指除去页面内容后的空间。留白少的页面的信息更丰富，亲和力也更强；而留白多的页面显得安静典雅，但亲和力稍弱。

图 3-20　满版布局

图 3-21　版面率较小的版面布局

视觉流程既是人眼的生理运动,也包含了微妙的心理变化,是建立在视觉经验上的视线移动。在数字产品界面中,视觉流程是指信息内容的视觉传达过程,它是依据人的生理和心理习惯的认知模式来进行的,是将各种构成要素在视觉运动的规定下进行空间定位的过程。人们通常是在一瞬间浏览整个页面,形成第一印象,接着视线会从最吸引注意力的一点开始依次进行有序的流动,最后完成信息的接收。整个过程包括印象感知(第一印象)、运动感知(感知过程)、整体感知(最终印象)三个心理感知阶段,而每一个阶段的视觉要素发挥的作用都不同。因此,视觉流程的设计必须符合人们的视觉习惯、保持信息传达的有效性、突出主要信息、注意引导节奏感和流畅感。与此同时,视觉流程所表达的信息内容的主题应该鲜明、强烈,比如应该直接表达"下载""直接进入"等类型的文字语义,通过设计鲜明的图形寓意表达主题,具体如图 3-22 所示。除了界面中的视觉流程设计,不同界面之间的视觉流程也是布局设计的一部分,合理的站点地图和导航设计是保证界面视觉连续性和有效传达信息的着力点。

图 3-22 视觉流程

在布局设计中,视觉空间也是一个重要的元素。界面的视觉空间不仅

是物理空间，更是通过各种视觉手段去改变浏览者的视觉心理感受，最终
创造出的舒适、和谐的视觉心理空间。平面空间、层次空间（见图 3-23）、
虚拟空间和导航空间是视觉空间的主要类型。

图 3-23　层次空间

　　布局设计也需要进行一定的动态化展现，可以通过多媒体、超链接、
动态更新等形式来实现动态化展现。从单个页面来看，利用多媒体是界面
动态设计的主要途径。界面的超链接打破了以前人们接收信息的线性方式，
使界面具有多屏、多页和嵌套的特征。从界面的长期效应来看，界面的布
局设计需要不断更新来适应不同的用户及用户不断变化的偏好和兴趣。

　　人们创造了非常多的界面布局，常见的界面布局有卡片式布局、分屏
布局、大标题布局、个性化推荐布局、网格布局、杂志版式布局、单页布
局、F 型和 Z 型布局、不对称布局、简洁布局、导航标签布局、轮播式布
局等。卡片式布局在界面上放置大量的信息和内容，同时保持每部分内容
各不相同。当两个元素在界面上具有相等的权重时，分屏布局是一种流行
的界面布局选择，通常用于文本和图像都需要被突出显示的布局中。大标
题布局使用较大字号的文本，更具可读性，可以改善使用体验，另外它还
提供了强大的视觉效果，因此，这种布局在极简主义的设计中特别受欢迎。
个性化推荐布局可以根据每个人的喜好量身定制数字体验。网格为设计提
供了视觉上的秩序感，以一种平衡且有组织的方式呈现内容，使内容更易
于人们使用。在网格布局中使用不同大小的内容可以在保持内容有序的同

时增加视觉吸引力。杂志版式布局很适合有大量内容的网站，尤其是每天都需要更新内容的网站。单页布局将界面的所有主要内容放在一个页面中，通过滚动完成导航。对于内容稀疏的网站，单页布局是一个很好的解决方案，它也是内容叙事的完美选择。F型和Z型布局根据用户的视线如何在页面上移动，即用户如何扫描内容而设计。F型布局有非常明确的视觉层次结构，因此适合内容更多的页面。Z型布局将用户视线吸引到顶部，使用户视线沿对角线方向向下延伸到底部，然后再次延伸。不对称会产生动态化的视觉冲击力，在大多数情况下，不对称是由于图像和文本无法平衡造成的。由于不对称会产生动态的、充满活力的视觉印象，因此对那些想要传达这种形象的品牌来说是非常有用的。简洁布局的优点在于完全专注于内容，没有视觉上的混乱。干净简单的布局几乎适用于任何类型的网站，许多优雅的网站都可以被认为是"简洁的"，无论它们包含什么设计形式。导航标签布局只适用于包含少数项目的菜单，否则导航会显得很混乱。轮播式布局的轮播内容包含图像和文本，通常出现在页面的顶部，用来突出内容。

（二）导航设计

导航是数字产品的基础功能之一，其作用不仅包括揭示数字产品的信息内容构成，还包括帮助用户浏览或查找想要的信息或者完成期望的行为和任务。导航是数字产品本身的特点、资源内容定位和目标引导的结果。导航设计一方面是对数字产品战略、功能和定位进行概念化的过程，另一方面是通过合理的设计，让用户通过导航浏览数字产品的内容并使用该数字产品的过程。

1. 导航栏

一般而言，导航栏位于数字产品（尤其是网站或App）界面的顶部，用于明确信息的内容、位置和层级，连接父级或子级结构页面，其视觉权重高于当前界面中的所有内容。导航栏集合了用户常用或必需的功能，复用率极高，当用户进行任务路径操作时，导航栏能告知用户当前所在的位置，并提供回到上一步或进入下一步的操作入口，不至于让用户迷失方向。同时，导航栏承担着对信息内容进行整理分类的入口聚合任务，为用户提供全局操作体验。当然，当系统想要给用户提供更多信息或沉浸式的使用体验时，系统需要弱化、隐藏导航栏以释放更多的界面空间。

导航栏一般有左、中、右三种结构，并由返回按钮（左）、标题（中）、辅助操作按钮（右）三部分组成。在实际应用中，为了满足多元化的数字产品需求及用户目标，根据不同的场景，导航栏的布局方式也各不相同。导航栏用到的元素和组件包括容器、标题、图标、按钮、搜索框、用户头像、标签或分类、更多菜单、分割线。

容器即导航栏的范围约束容器，导航栏内的所有元素都应该在容器里面。例如，iOS 系统中的常规导航栏的固定高度为 88px（像素），即使在大标题导航栏的设计中，随着界面的滚动，导航栏的高度也转变为 88px（像素）的常规高度，以保证导航栏中的各元素均能受到容器的约束。为了美观或释放更多的空间，设计者也可将导航栏容器的边界进行模糊处理，如调整透明度或色块颜色等。

标题用于描述用户当前所在位置或所在的具体场景。在全面屏幕设备逐渐普及后，导航栏的空间大幅增加，大标题风格开始兴起。大标题导航栏能让顶部有更多的留白空间，适合结构不深、功能单一且体量级别较轻的应用。

主页面导航栏的图标是多元化的。左侧常见品牌 Logo、抽屉式菜单入口，而右侧常见搜索、消息等。二级及以后的页面导航图标相对固定，需要有返回到上级页面的"回退"图标及功能图标，如次级功能延展、信息提交、删除等。当导航有足够的纵向空间时，可使用如圆形、方形、圆角矩形的容器按钮，通过按钮的形状、大小、填充、描边等样式来确定视觉权重，灵活区分主次层级关系，以抓住用户的注意力。

当搜索功能的权重较高时，设计者可以通过使输入框占据导航栏的主要区域来突出搜索功能，向用户推荐搜索内容标签，提升数字产品的可操作性。对于内容较多的首页，导航栏则需要涵盖如标题、分类、头像、按钮等诸多信息，设计者可根据具体情况增加导航栏的高度。

社交类的数字产品往往在导航栏的左右两侧放置用户头像信息，以便用户随时使用诸如个人设置、会员中心、个人主页等功能。

导航栏的分类菜单包括分段控件和标签导航，分段控件通常包含 2～4 个标签，用户直接点击标签就可以进行内容切换；而标签导航相对灵活，适合分类较多的内容，用户通过左右滑动可以查看所有分类。

当某个功能的操作频率较高，且与当前页面的信息相关联但不方便被直接展示在导航栏中，或者导航栏剩余空间不足、难以承载该功能时，设计者可将功能放置在"更多菜单"中，既能给用户提供操作入口，也能满足用户多方面的隐性需求。

分割线是用于分隔导航栏与内容区域的边界线。导航栏常见的分割方式有留白分割、分割线分割、色块分割、投影分割、色彩差异分割、模糊分割等。分割线的设计是为了体现导航栏与内容界面的层级关系，缺少视觉分割会增加用户的感知难度，但不是所有的应用或界面都需要进行视觉分割。如果界面内容极少、界面背景色与导航栏容器背景色色值有明显差异，设计者就不需要进行视觉分割。

2. 导航栏样式

导航栏样式包括常规导航栏、大标题导航栏、搜索框导航栏、Tab 导航栏、通栏导航栏、小程序导航栏等。

常规导航栏是最常见的样式。95% 以上的二级及后续页面，还有部分简单的主页使用的都是常规导航栏。常规导航栏只包含标题和按钮，背景多为纯色的主体色背景或白色背景，非常简洁，如图 3-24 所示。

图 3-24　人民日报公众号导航栏

大标题导航栏常被用在主页面中，目的是表现空间感。因其所占空间较大，大标题导航栏适合被用在如新闻资讯、社交、工具型且功能较为单一的应用中，如图 3-25 所示。

图 3-25　中国建设银行 App 导航栏

搜索框导航栏是指根据搜索功能的权重，在常规导航栏中添加搜索框并代替标题进行展示的样式，如图 3-26 所示。若导航栏的图标较多，设计者可将搜索框放在第二行；如无特别需要，设计者尽量将搜索框"整体居中"以提升视觉上的美观度。

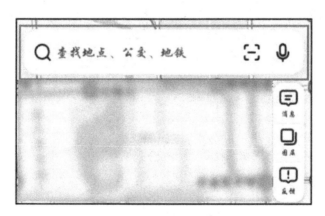

图 3-26　高德地图 App 导航栏

Tab 导航栏用以明确突出已选中的标签，有分段控件和多标签导航两种。分段控件通常包含 2 ~ 4 个标签，用户通过点击标签进行切换，如图 3-27 所示；多标签导航适合有较多分类内容的界面，用户通过左右滑动进行切换。

图 3-27　喜马拉雅 App 导航栏

通栏导航栏可以是上述类型中的任何一种，唯一不同的是其在视觉层没有容器（或不透明度为 0）。在初始化状态下，它可以与背景或图片融为一体，起着节省头部空间、渲染氛围的作用，同时能减少导航栏与内容区域的割裂感。这类导航常见于电商类应用中，如图 3-28 所示。

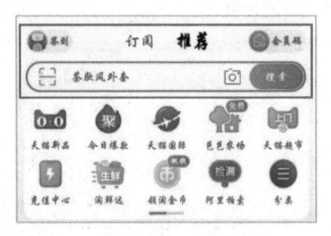

图 3-28　淘宝 App 导航栏

小程序导航栏即为内嵌的"子级"App，导航栏的右上角部分区域为"父级"App 的原生功能，不能被修改，如图 3-29 所示。

图 3-29 国务院客户端小程序

对于移动端界面而言，导航键一般位于屏幕最底部，按键有三种类型，分别是全屏幕滑动手势、经典三段式上滑手势和虚拟导航按键。底部导航栏包括开启控制中心或检视最近使用过的应用程式、返回桌面和返回上一级三种操作，用户可以根据使用习惯进行三种功能键的布局设置，如图 3-30 所示。部分移动端界面还有悬浮导航，用户开启悬浮导航后可以通过悬浮小球来控制数字产品的导航功能。

图 3-30 手机系统导航栏设置

（三）内容设计

在数字产品的界面设计中，内容设计是重要的一环，优质的内容不仅能解决用户的需求，也是用户消费的一环。那么，究竟什么是内容呢？这里将内容定义为通过加工和再组织形成的泛在化信息。界面内容包含四个部分，即文字、商品、图片和多媒体。

内容具有具象化和轻量化的特点。具象化是指突出原始内容的关键信息。分享内容的目的是让被分享者了解该内容，所以当出现某种新形态的内容时，我们首先要向被分享者解释该内容的含义，被分享者只有充分了解了新内容，才能进行后续的操作。这里所说的轻量化即用于流转的内容不宜复杂。降级是一种"轻装上阵"的有效方式，例如，把一篇图文降级为一段文字，把一个视频降级为一张图片，这样的轻量化处理更有利于传播与推广内容。

内容流转包括两个部分，一是内容流出，二是用户回流。当用户产生内容分享的需求时，好的设计就需要助力用户快速唤起分享组件，并以用户心仪的形式和渠道让用户将内容分享出去。设计者需要将分享组件的入口进行统一化处理，帮助用户建立固定的认知，与此同时，分析用户产生分享意愿的场景，寻找规律，以便在用户需要的地方及时让分享组件的入口出现。与助力外向流动的情况不同，引导用户回流到原始应用的内容页面相对而言会比较混乱。特别是那些试图打造封闭系统的应用，更为用户快速回流到其他应用制造了重重阻碍。设计者在创造流转形式时，需要设计与每一种形式配对的回流方案，回流方案不仅要冲破封闭，还要尽量缩减步骤，减少用户的等待时间。

从内容流转机制的底层视角来看，内容流转涉及的关键环节和设计思考的要点包括：源——在优质的内容页面上合理布局流出的入口；形式——轻巧且易于流转的内容载体，设计者应从用户的实际诉求出发谨慎创新，如果有一种可以满足所有需求的形式是最好的；渠道——力求覆盖用户的关系网，设计者可结合用户的使用习惯做个性化的设计；回流——其他用户通过内容载体回到原始内容的方式，过程应尽量精简；沉淀——流转数据可以作为用户行为历史，设计者可以基于用户数据设计新的内容。在内容流转的机制建立起来后，基于用户的主动流转行为，内容就能够得到网络化的传播。

三、交互设计

（一）交互设计原理

1. 交互设计的概念和构成

乔恩·科尔科（Jon Kolko）在《交互设计沉思录》中指出：所谓交互设计（Interaction Design，IXD）就是在人与产品、服务或系统之间创建一系列的对话。交互设计是一种行为的设计，是人与人工系统沟通的桥梁。交互设计就是通过数字产品的人性化来增强、改善和丰富人们的体验，在了解用户特征和需求的前提下，构建适用的形态行为，从而达到更高效、更友好地帮助人们使用数字产品的目的。

交互设计起源于网站设计和图形设计，已发展到包括传统的文字和图片在内的屏幕上的所有元素和模块的设计。从设计者的角度来说，交互设计是一种让数字产品易用、有效且给人带来愉悦感的技术，它致力于了解目标用户和他们的期望，了解用户在与数字产品交互时的行为表现，了解人们本身的心理和行为特点，了解各种有效的交互方式并对它们进行增强和扩充。交互设计有三个基本的构成要素，分别是机器或系统、人和界面，涉及用户、行为、目标、场景和媒介五个维度。交互过程是一个输入和输出的过程，人通过人机界面向数字产品系统输入指令，数字产品系统处理指令后把输出结果呈现给用户。人和数字产品系统之间的输入和输出形式是多种多样的，因此交互的形式也是多样化的。

交互设计在人与数字产品之间扮演着互动的角色，交互设计一方面是面向数字产品的，另一方面是面向用户的。因此，我们可以从"可用性"和"用户体验"两个层面分析交互设计的目标，关注以人为本的用户需求，把用户想要的东西以用户最熟悉的方式呈现出来，把用户不想要的但数字产品想让用户使用的东西，以用户愿意接受的方式呈现给他们。可用性是交互设计基本且重要的指标，它是对数字产品可用程度的总体评价，也是从用户角度衡量数字产品是否有效、易学、安全、高效、好记、少错的质量指标。交互设计的目标不止于此，它还要考虑用户的期望和体验，给用户一些与众不同的或意料之外的感觉，这对用户来说是一种额外的惊喜和收获。

根据交互设计的终极目标——改变和影响用户的行为，我们可以归纳出交互设计的四个宗旨，即少、快、好、省。所谓少，是指信息功能要精练，要让用户一目了然，要尽可能减少不必要的操作、功能和信息，要通过合理删除、分层组织、适时隐藏和巧妙转移，尽可能降低界面信息的复杂程度。所谓快，是指要尽可能快地响应用户的各种操作，帮助用户实现其想要的目标，在具体的流程和步骤上，满足用户对掌控感的需求。所谓好，是指数字产品的设计必须达到统一的设计标准，以便延续用户在数字产品内部的认知和操作习惯，让用户觉得易用、好用、想用。所谓省，是指能省则省，帮助用户省时省力省心，降低用户的操作和认知成本，使设计出的数字产品更受用户的认可和信赖。

2. 交互周期框架

唐纳德·A.诺曼在《日常的设计》一书中提出了人与世界互动的行动周期框架，并提出了两个新想法来解决设计未能满足用户期望的问题——"执行海湾"和"评估海湾"。

用户在决定如何完成任务时遇到困难的情况被称为"执行海湾"，用户在评估某项功能或执行预期操作时遇到困难的情况被称为"评估海湾"。执行是指用户试图找出使用数字产品的方法，评估是指用户考虑结果是否与预期相符。用户期望从活动中得到反馈，如果结果不符合他们的预期，用户的整体体验就会受到影响。

　　唐纳德·A.诺曼的行动周期框架如图 3-31 所示，可以分为七个阶段：形成目标，即想做什么；形成意图，即该怎么做才能实现这个目标；形成行动计划，即如何实现这个目标；执行计划，即描述执行的步骤；感知，即用感官评估现在的感受；解释，即解读这个感受，弄清楚感受是否有变化；评估，即比较结果与目标，弄清楚我是否实现了目标。

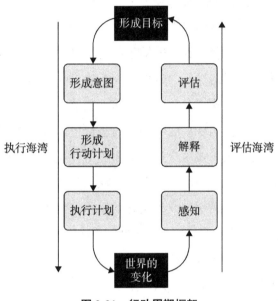

图 3-31　行动周期框架

　　从"评估海湾"的角度来看，具体内容如下。

　　（1）数字产品的可视性越好，用户越能感知、发现和了解该产品。例如，导航系统的视觉层次如果考虑到"用户究竟想要得到什么""用户可以快速找到哪些内容""用户在哪里可以找到所需信息"等一系列问题，并将它们呈现在页面上，会有效提升用户的体验感。针对不同水平的用户，数字产品既要提供便于用户直接查找特定信息的搜索框，还要为用户提供详细、易操作的分类导航，这样一来，用户在查找信息时就会感到非常便捷。

　　（2）当用户与数字产品交互时，数字产品需要对与活动相关的信息进行反馈，告知用户行动的结果，以便用户继续进行下一步的操作。如果没有立即得到反馈，用户就会怀疑行动是否有效。唐纳德·A.诺曼认为，反馈必须是即时的、提供有用信息的、有计划的，并且有优先次序的。用户在按下按钮或提交表单时，有时并不清楚将出现什么，这就需要设计者为每一个动作设定相应的期望，并让数字产品清楚地展示这些动作的结果，给用户一个明确的反馈。

（3）用户接收过多的内容的现象被称为"信息超载"。冗长的表格、大量的文字和复杂的操作都会分散用户的注意力并给用户带来认知负担。约束可以在特定的时刻或某些操作前提醒用户并限制可能发生的交互，从而帮助用户减少信息加工量。约束能够帮助用户将注意力集中到重要的任务上，防止用户进行错误的操作，进而减少人为失误的概率。为了避免用户在使用数字产品时出现错误，从而产生悲观情绪，设计者可以在页面中设计预防、保护和通知功能。页面中添加的注释可以及时告知用户具体的要求，避免用户出现错误，如用户注册页面的暂存功能，电子邮箱的保存草稿功能等。当用户在操作中出现错误时，数字产品要及时明确地告诉用户具体的情况，并尽力帮助用户恢复正确的操作。例如，在用户没有输入正确的用户信息时，系统会提示用户"未能正确输入用户信息"等。

（4）当一个映射准确地表达出控制和效果的对应关系时，用户就会很容易确定该如何操作。例如，当用户上下滑动手机亮度条时，亮度会随着滑动的动作而变化。

（5）数字产品的交互设计需要保证同一个交互系统的同一功能和操作具有一致性，否则用户的感知系统就会出现错乱。具体来说，数字产品的不同页面，页面的布局、配色、表现形式等各方面都应该保持一致，从而使整个数字产品的视觉风格统一，以便用户在不同的页面能够根据以往的经验进行连贯的操作。数字产品中一致的设计和细节表现，也能有效增强用户的浏览体验。

（6）示能是一个事物的可被感知动作和实际属性，它可以帮助用户确定操作方式。需要注意的是，示能依赖用户头脑中现有的知识和文化背景，如果没有这些背景做支撑，数字产品所期望的动作将很难被用户感知到。

以扁平化设计为例，新手用户可能不会在第一时间意识到特定的视觉元素是可以被操作的。

（7）伦理，即对用户有帮助、能体谅人、不伤害人的状况。对于使用数字产品的用户，每个人的情况都不同。为了使每一位用户都尽可能获得良好的体验，数字产品要充分考虑到人体器官，如手、眼睛和耳朵等的使用感受，基于人类工程学进行交互设计。例如，由于大多数人都习惯用右手拿鼠标，因此数字产品可以在页面右侧增加一些快速访问的导航或链接。在针对眼睛进行设计时，数字产品要考虑到全盲患者、色盲患者、近视者和远视者的情况；同时，数字产品的使用者有可能是视力极佳的年轻人，也有可能是视力模糊的老年人，因此数字产品应提供调整文字大小的入口。

（8）用户在完成某个很复杂的任务时，会不可避免地需要帮助。那么，数字产品要做的就是在适当的时候以最简练的方式为用户提供适当的帮助，把帮助信息放在有明确标注的位置。例如，数字产品为首次登录网站页面的用户制作一个简单的索引页面，引导用户快速进入网站，找到其所需的信息和内容等。设计中的意符，如按钮、视觉线索等，可以让用户知道在哪里可以触发不同的动作，帮助用户实现他们的目标和要求。意符可以是任何标记或声音，以及任何可以与用户交流且被感知的指示，例如，一个下载按钮可以准确地告诉用户相应控件执行的操作类型。虽然意符明确指出了在哪里可以执行什么操作，但这也依赖一定的文化知识，因此意符的设计必须体现出相关意义，只有这样用户才能快速将其识别出来。

📖 拓展阅读：交互设计原则

认知心理学为交互设计提供了基础的概念和理论，如心智模型、感知或现实映射原理、比喻及可操作暗示等，这些理论与交互设计结合在一起即产生了相应的法则或原则。

1.费茨法则

费茨法则认为，从一个起始位置移动到一个最终目标所需的时间由两个参数决定：到目标的距离和目标的大小。因此，如果想要鼠标比较快速地命中目标，设计者可以采取以下两个方法：减少鼠标与目标的距离，使目标足够大。

2. 希克法则

希克法则认为，一个人面临的选择越多，做出决定所需的时间就越长。因此，人机交互界面中的选项越多，就意味着用户做出决定的时间越长。

3. 神奇数字 7±2 法则

人类大脑在最好的状态下，能记忆 5 ~ 9 项信息，在记忆了 5 ~ 9 项信息后就开始出错。神奇数字 7±2 法则经常被用于移动应用的交互设计，如选项卡数量不要超过 5 个。

4. 接近法则

根据格式塔心理学，当对象离得太近时，意识会认为它们是相关的。接近法则在交互设计中表现为一个提交按钮会紧挨着一个文本框，当相互靠近的功能块互不相关时，交互设计可能是有问题的。

5. 特斯勒定律（复杂度守恒定律）

该定律认为每一个过程都存在其固有的复杂性，都存在一个临界点，一旦超过了这个点，这个过程就不能再被简化了，只能将固有的复杂性从一个地方转移到另一个地方。例如，在电子邮箱的设计中，收件人的地址是不能再被简化的，而发件人的地址却可以通过客户端的集成来转移它的复杂性。

6. 防错原则

防错原则认为大部分的意外都是由设计的疏忽，而不是由人为操作的疏忽造成的，改变设计可以把过失降到最低。该原则最初用于数字工业产品制造，后来延伸到界面交互设计中。例如，当使用条件没有被满足时，设计者可以通过使功能失效来表示该功能不可用（一般按钮会变为灰色，无法被点击），以免用户误按，如图 3-32 所示。

图 3-32　防错原则

7. 奥卡姆剃刀原理

这个原理即"如无必要，勿增实体"，在交互设计中如果存在两个功能相同或相似的设计，那么设计者要选择最简单的那个设计。

8. 转向定律

转向定律认为，0°方向是最利于操作者移动的方向，具有较好的视觉反馈，成功率相对最高；120°方向是用户操作最为困难的方向，交互设计应尽可能避免使用它；用户手指在向各个方向移动的过程中，宽度低于14px（像素）的触控给用户的体验感是最差的。

9. 帕累托定律

在所有系统中，大部分的效果仅由少数几项变量决定。在数字产品中，用户将80%的时间花在了20%的功能上。

3. 数字产品的交互设计

数字产品的交互设计，是指对数字产品的用户界面、视觉动效和交互方式的设计，涉及的任务包括对用户需求、用户体验、交互流程、功能特点、视觉特征等的分析、确定和实施。

数字产品硬件设备的发展过程大体可以分为三个阶段，即功能机阶段、智能手机阶段和虚拟现实（Virtual Reality，VR）阶段。从功能机的问世到智能手机的出现，数字产品硬件设备实现了一次交互技术上的飞跃，第二次大的飞跃则是 VR 技术的出现，当前的交互技术正处于对该阶段的探索和实践过程中。

功能机是一种较低级、只能用来打电话的手机，它的运算功能略逊于智能手机，但是功能比较纯粹，主要适合老人和儿童使用。功能机的交互方式是按键输入，交互内容为语音和短信息，其代表的应用有电话、短信等。

智能手机是具有独立的操作系统和运行空间，可以由用户自行安装软件、游戏、导航等第三方服务商提供的应用，并可以通过移动通信网络来实现无线网络接入的手机类型的总称。智能手机的交互方式是二维平面触控，交互内容为文、图、视频、游戏等，其代表的应用有微信、抖音、王者荣耀等。

VR 是一种可以创建和体验虚拟世界的计算机仿真系统。它利用现实生活中的数据，通过计算机技术产生的电子信号，将电子信号与各种输出设备结合使其转化为能够让人们感受到的现象，这些现象可以是现实中真真切切的物体，也可以是肉眼看不到的物质；然后将其通过三维模型表现出来，利用计算机生成一种模拟环境，使用户沉浸到该环境中。VR 的交互方式有身体移动、手势识别、手柄操作等，交互内容是接近现实世界的认知及交互体验，其代表的应用有 Alyx、Beat Saber 等。

数字产品的交互设计是一个从 PC 端交互走向移动端交互的过程。

（1）PC 端交互

PC 端交互具体包括输入框的交互、页面按钮的交互、操作弹窗的交互、内容上传的交互等。其中输入框的交互包括输入框的内容检验、操作提示和文案提示。页面按钮的交互包括单击、悬浮或双击等操作，数字产品能够给出对应的交互提示。操作弹窗的交互包括弹窗的文案说明、弹窗配对的功能选项（单选、多选、是否确认）和操作结果的提示。内容上传的交互包括默认图片、默认视频、上传图片和视频的预览，以及上传失败的提示。

（2）移动端交互

移动端交互涉及的具体操作更多，其中，导航栏的交互目的在于分清功能区、标签导航、页面标题之间的层级关系。界面内弹窗的交互包括强按钮和弱按钮，同时给出匹配的按钮文案。Toast（消息提示框）提示的交互包含了用户操作反馈和系统状态反馈。操作区域的交互是随着手机屏幕面积的变化而变化的，通常是与前端开发紧密相关的。输入框的交互与 PC端交互一样，输入框包含了默认文字、输入提示和输入异常提示。

（二）交互设计的类型

交互设计师可以采用各种各样的交互方式来吸引用户，如点击、长按、拖放、滚动、滑动、下拉等，每种交互方式都不相同，获得的效果和用户反馈结果也不相同。交互设计的类型多种多样，具体包括四大类，即连续式交互、渐进式交互、被动式交互和混合式交互。

1. 连续式交互

格式塔的连续性是指人们趋向于将具有对称、规则、平滑的简单图形特征的各部分连贯起来。人的意识会根据一定规律做视觉上、听觉上或位移的延伸。如果一个图形的某些部分可以被看作按照一定规律或顺序连接在一起的，那么这些部分就相对容易被用户知觉视为一个连续的整体。连续式交互适用于连续变动的界面，如三维活动全景等。在连续式交互中，用户的意图是有规律的，但趋向于随意性或试验性。用户与数字产品是间接关系，用户并不知道他们要到哪儿去，也不知道即将发生什么，但可以进行探索并顺利返回原点，他们与数字产品的关系是连续性的。随着读图时代的来临，瀑布流的加载模式避免了鼠标或手指点击的操作，转而尝试鼠标滚动或手指滑动的连续性浏览方式,后者使用户的视觉过渡更流畅,用户比较容易沉浸其中,不易被打断。

因此,在设计时,连续式交互要求数字产品或服务对交互方式进行引导,显示交互过程的变化,使用户明确知道所使用的方法。连续式交互比较适用于浏览当前位置的邻近区域,即满足漫游型用户的需求。一个典型的连续式交互是房屋动态查询系统,房地产开发商与客户通过查询调整价格、卧室数量、上班距离等滑动条,将某一地区的房屋查询结果用地图上分布的高亮点的形式动态地展示给用户,用户单击某个高亮点就可以查看该点所代表的房屋的详细信息。目前,以展示数字产品内容或服务内容为核心的网站或 App 都采用了连续式交互,如图 3-33 所示。

图 3-33　优酷视频网页版

2. 渐进式交互

这里的"渐进"并不是指物理距离上由远及近的变化,而是指用户一步一步走向设计好的某条路径,在这条路径中,用户会遇到一个个阻碍——交互活动,这时就需要依靠定位线索来解决问题。在渐进式交互中,用户需要明确自己当前所处的位置、即将要到达哪里及如何到达那里,而定位线索恰好告诉用户当前能去哪里及怎样去那里。定位线索包括对话框、动作栏、浮层、提示对话框、下拉菜单、Toast 等。例如,数字产品中常见的"二次确认"就是一种打断用户的操作行为，如图 3-34 所示，它起到给用户多一次思考、避免误操作、给同样的含义换一种表达方式、对重要的内容加深二次记忆等作用。

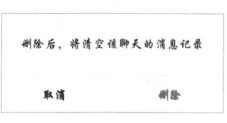

删除后，将清空该聊天的消息记录

取消   删除

图 3-34 二次确认提示

3. 被动式交互

被动并不代表交互过程是一成不变的，相反，很多因素决定了交互过程的快速可变性。一般情况下，当用户（主体）在使用数字产品（客体）时，会向数字产品发出一系列指令，即主体向客体输入需求，客体则会向主体输出反馈，这就是所谓的被动式交互。用户对其在交互活动中扮演的角色的态度是被动接受的，被动式交互是较为基础的、机械的、感官上的，特别是视觉上的交互。

被动式交互的显示分为两种，即静态显示和动态显示。在渐进式交互中，用户未做出选择之前的阶段都是静态的。在被动式动态交互模式下，用户并不像在连续式交互或渐进式交互中一样直接控制活动。如果系统不确定用户的操作意图，它就需要使用一种有效的对话机制和用户互动，并考虑是否有必要打扰用户，如弹出的对话框。在被动式交互中，对话框类型的弹窗很常见，主要目的是打断用户后为用户提供选项，对用户的干扰较大，如图 3-35 所示。对话框类型的弹窗通常会配备 1 ~ 3 个操作按钮，而且会将用户最期待或数字产品最期待用户操作的按钮突出显示，包括版本更新、运营宣传、消息通知、系统功能授权等。长时间使用被动式动态交互模式的用户会逐渐丧失耐心和注意力。

图 3-35 淘宝 App "双十一" 弹窗

4. 混合式交互

混合式交互是一种综合上述三种类型的交互设计，可以有效解决单一交互方式中出现的问题。较为常见的混合式交互通常是将渐进式交互、连续式交互或被动式交互结合起来使用，如鼠标的悬停效果、下拉菜单中的弹窗、表单中的错误反馈等。

第三节　文化元素与原型设计

一、设计与中国文化元素

一般来说，文化由物质和精神两种元素构成。物质元素是具有历史性特征的物质形态，不仅包括手工艺品（陶瓷、雕刻）、民间艺术（剪纸、面花）、具有传统意味的纹样和装饰等，还包括书法、绘画、建筑、舞蹈等艺术形式。精神元素既具有传统性质的物质形态，又蕴含着其所传达的精神内涵，其内容涉及政治、宗教、民俗、风土人情等，体现着各民族的风俗习惯、情感心理和审美偏好，是一个地区、一个民族的文化观念和精神认同。

人类文化具有共性，但又基于各个民族、国家、地域等因素的影响形成了不同个性和风格的文化。文化元素具有一定的功能价值，具有一定的艺术性和审美价值，反映了特定历史时期的社会经济、艺术手法及产品设计的发展特征，体现了艺术发展的历史轨迹，并帮助人们建立起紧密的社会联系，使人们逐渐拥有地域归属感。中国文化元素是指凡是被中国人（包括海外华人）认同的、凝结着华夏民族传统文化精神，并体现国家尊严和民族利益的物质形态、形象、符号或风俗习惯。凡是在中华民族融合、演化与发展过程中逐渐形成的，由中国人创造、传承，反映中国人文精神和民俗心理，具有中国特质的文化成果，都是中国文化元素，它包括有形的物质符号和无形的精神内容。

随着中国文化发展战略的实施，中国文化在设计领域的应用范围也逐渐扩大。在设计中融入中国文化元素，通过数字产品提升人们对中国文化的理解深度，加强人们对中国文化感性的认知能力，使人们领悟由"中国元素"构成的数字产品的魅力，也是数字产品设计的重要内容。

二、数字产品的中国文化表达

数字产品的原型设计是一种使用视觉符号来传达信息的设计。它受到数字产品的功能、体积和形状等因素的限制。它的设计过程虽然不可避免地会采用技术，但也是一个美学创造的过程，其中，文化表达是重要的内容。数字产品中的文化元素蕴含着较为丰富的内涵和各种表现形式。

（一）视觉

视觉设计是指运用视觉符号向公众传递信息的过程，其是信息与艺术设计的交融。纹样和色彩是中国传统文化的重要组成部分，在凸显中国文化的视觉设计中，巧妙地运用它们可以增加视觉设计的艺术层次。

纹样和色彩经过上千年的历史发展，以其变化多样的造型和丰富多彩的内涵在视觉上给人们带来了强烈的冲击。每一种纹样、每一种色系都具有寓意鲜明的文化指向性，设计者将中国传统物态、色观，现代形态，色彩的基本原理与心理学相结合，使极具中国特色的形态和色彩理论逐渐形成。

1. 纹样

传统纹样被广泛用于动漫、游戏、服饰、雕刻、瓷器制作、家居设计、品牌设计、包装设计、网页设计等领域，应用方式包括抽象再造、简化处理、夸张重组、直接引用等，同时，设计者在色彩、图案、意境等方面做了更多的尝试和挖掘，设计出了许多经典的作品。

（1）游戏设计

纹样常出现在经典国风游戏的场景设计中。设计者往往将传统纹样与游戏角色和游戏场景完美融合，以便玩家获得更好的游戏体验。其中，植物纹样、动物纹样和几何纹样的应用较多。

在游戏设计中出现较多的植物纹样有忍冬纹、缠枝纹、莲花纹。忍冬纹兴盛于魏晋南北朝时期，是敦煌壁画装饰图案中最典型、最常见的艺术符号之一。东汉末期，忍冬纹逐渐取代云气纹开启了植物纹样的时代。忍冬俗称金银花，因其越冬不死的特性被大量用于佛教文化中，含有"灵魂不死、轮回永生"的寓意。诸葛亮作为传统文化中忠臣与智者的代表，《王者荣耀》中的他在"时雨天司"皮肤中化身白发龙王，出场动画有龙形图腾标志，服饰中出现了大量的卷云纹和流线型水波纹。其中，忍冬云气纹最具典型性，运用类似波状的云气纹曲线表现出忍冬纹的卷曲尾部，使诸葛亮的造型丰富生动，富有生机盎然的气息。

缠枝纹是以藤蔓、卷草为基础提炼而成的汉族传统吉祥纹饰，出现于汉代，盛行于南北朝、隋唐及明清时期。"缠枝"以常青藤、紫藤等藤蔓植物为原型，花朵较大，枝茎盘曲错节、连绵不绝，呈现花繁叶茂的气象，是吉祥文化的可视化载体。电竞游戏《云顶之弈》的瓷娃娃铃角原型为青花瓷茶壶，该原型的整体形状和色彩均为青花瓷的提炼元素，而茶壶上的纹样就是缠枝纹的简化形态，卷曲的波状主茎和花瓣纹样寓意高升和如意，向玩家展现了一个憨态可掬的中国风吉祥物形象。

在日常生活中，莲花纹的寓意丰富，常用来指代吉庆、祥瑞之意。莲花纹最早出现在新石器时代，在春秋战国时代的后期又逐渐重现。大诗人李白号青莲居士，在《王者荣耀》游戏中是手持流云纹酒葫芦和长剑的形象，他的服饰以白色和黑色为主色调，辅以红色和金色，衣襟、肩部和下摆均有流云纹、莲花纹和红色莲花瓣等元素。这不仅体现了豪迈洒脱和飘逸灵动之感，还展现了角色向善、纯净、侠义的人生态度。

动物纹样在青铜器、瓷器等器物中的应用较广。龙是中华民族的象征，龙纹蕴涵着风调雨顺、吉祥安泰和祝颂平安与长寿之意。龙纹深受人们的喜爱，被装饰在各种器皿之上。在《剑侠情缘网络版叁》中，丐帮弟子的胸前和双臂上有极具豪侠气概的腾龙纹，寓意蛟龙破浪、豪气直冲云天，将丐帮弟子的潇洒不羁展现得淋漓尽致。造型整体以经典的灰褐色为主，蓝色的腾龙纹与金色和红色的配饰相互交错，不仅给玩家带来视觉上的享受，也具有浓厚的中华韵味。

饕餮纹常见于青铜器上。饕餮是古人融合了自然界各种猛兽的特征而幻想出来的怪兽。饕餮纹是仿照饕餮的面目形象绘制而成的图案化兽面，故而也被称为兽面纹。饕餮纹以正视目为主要纹样，整体呈对称形态，以鼻梁为中心，中间的眼睛大而突出，两边是对称的耳朵和犄角，其结构鲜明，装饰性较强，透露出威严的气息，有着浓厚的宗教色彩，常作为器物的主要纹饰。《神将》游戏为角色人物巨毋霸安排了青铜器纹样的装饰，并对其肩部、胸前和青铜器上的饕餮纹进行了变形重组，打破了原有纹样的连续性，打造了一种动态的不规则感，使人物形象更加真实。

《东方Project》游戏中的角色饕餮尤魔的头上长有一对红色卷曲的角，角上系有蓝色蝴蝶结，蝴蝶结上印有"眼睛"图腾。她身穿蓝色连衣裙，裙摆上绣有饕餮纹样和回字纹，衣领、肩部和袖口均被装饰着白色回字纹，整体造型符合其喜欢坐收渔翁之利、手段卑鄙狡诈、充满野心的恶魔形象，颇有一种视觉上的张力。

几何纹样很早就出现了，但大规模运用是在夏商周时期的青铜器上。其中的云雷纹出现于新石器时代晚期，盛行于商代和西周，在春秋战国时期仍被沿用。云雷纹呈圆弧形卷曲或方折形回旋的线条状，从整体来看，其轮廓和结构以直线为主，弧线为辅，简洁明了、布局紧密，呈现出一种规整的艺术之美。《王者荣耀》游戏中嬴政的服饰以黑色为主色调，以金黄色纹样和铠甲为辅，肩部、腰间、下摆、披风和靴子上出现了云雷纹和十二章纹，腰间佩戴的龙形玉佩和云雷纹头饰也象征着其尊贵的地位和大气磅礴的气势，向玩家展现了中国的传统文化。

（2）解锁界面设计

将传统纹样以动态特效的方式融入手机解锁页面也是一种较为主流的设计方式。图3-36的手机解锁界面以古风美女形象为原型进行插画设计，用户向上滑动即可解锁界面，其中的锦鲤纹样寓意爱情和家庭美满，解锁时飘动的红白花瓣纹样特效也代表着甜蜜的爱情，这些纹样增强了用户的体验感。屏幕下方的充电图标由卷云纹样和桃花纹样构成，以祥云纹样为点缀，表达了对爱情的美好祝愿。融入了传统纹样的手机解锁界面风格明确，具有较高的辨识度和较优质的视觉效果。

图3-36　手机解锁界面《红豆生南国》

（3）网页设计

在中国风的网页设计中，纹样也多有出现。《大话西游》系列游戏的官网以云纹、几何纹样和植物纹样为基本型，选取了适合游戏背景的纹样，对纹样进行归纳和提取，对纹样造型进行局部删减，并结合游戏风格和界面的整体美观程度，对纹样进行形式上的精简和艺术处理。《大话西游》系列游戏的官网将云纹作为主要的装饰纹样广泛用在各种布局中，经过简化和艺术处理后的云纹具有极强的流动性和层次感，显得飘逸、活泼、灵动，符合当下网页设计的审美趋势，极具写实风格，将富有美感的视觉效果展现得淋漓尽致。云纹在古代具有祥瑞之意，象征着高升和如意，给人以空灵、玄幻之感，也更加符合游戏的文化背景。几何纹样被大量用于板块分割、标题装饰和导航栏装饰等方面，也可被用来填补两个板块之间的空白，在视觉上起到自然衔接的作用，使网页具有统一的整体效果。网页中的暗纹有高山流水纹、植物纹样（松树纹样和竹子纹样）、卷草纹等。《大话西游》系列游戏官网中的植物纹样多为松树纹样和竹子纹样，松树经冬不凋，是人们心中的吉祥之树，其柔中带刚的特质给人以清新脱俗之感，松树纹样与竹子纹样的搭配不仅表现了十足的禅意，也代表了游戏角色傲骨铮铮、坚毅不屈的品格和气节，符合《西游记》的主题和文化背景。

在故宫博物院官网文创板块的横幅设计中，纹样也有较好的呈现，如图 3-37 所示。整个画面的底纹是紧密排列的云头纹，中间上部为团花纹样，两侧有大片的卷云纹，页面的左右角有回字纹，导航按钮为龙纹图案，标题两侧有植物、几何、蝴蝶、锦鲤纹样的装饰，页面插画中有大量云纹和龙纹图案的装饰。画面中央以富有中式风格的折扇为背景，将云状图案覆盖在雨伞和飘带上，极具灵动飘逸的韵味，这种设计可以将用户的视线聚焦到画面的中下部，以便突出下方故宫出品的各种文创产品。画面中的两个 Q 版宫廷人物穿着淡雅文艺，形态和表情又不失可爱，更好地将现代产品与传统文化相融合。

图 3-37   故宫博物院官网文创板块的横幅设计

📖 拓展阅读：传统纹样

传统纹样是指出现在各种工艺品上，由历代延传下来的，具有装饰意义的图案和元素，有写实、写意、变形等表现手法。

1. 传统纹样类型

传统纹样按表现形式大体可以分为三种。第一种是谐音纹样，例如，"金玉满堂"纹样选取各种形态的金鱼形象做装饰纹样，代表着财富极多。商周时期的玉佩和青铜器上也有鱼纹，"鱼"与"余"同音，隐喻富裕。第二种是寓意纹样，例如，仙鹤象征长寿，在越窑青瓷上刻画的"云鹤纹"，寓意延年益寿。第三种是图腾纹样，许多民族会将本民族的图腾或代表本民族的动物形象用作纹样装饰，如玄鸟是商代的图腾，蒙古族对狼图腾极为崇拜，龙和凤是汉族的民族图腾。

2. 传统纹样的演变

传统纹样是中国传统文化的重要组成部分，从原始社会时期一直延续至今，贯穿了每一个中国人的日常生活，也反映了不同朝代和不同时期的风俗文化和艺术特点。

在新石器时代，传统纹样开始出现，那时它多为由点、线、面构成的几何纹，经过交错、往复、重叠处理后形成各种样式，造型简洁，庄重大方，具有对称之美。它是传统织绣最常用的纹饰之一，也是中国丝织物最早使用的纹样，一般以抽象为主，强调与自然的和谐共生，具有强烈的节奏感和韵律美。

夏商周时期的纹样种类繁多，主要以青铜器为载体。当时动物纹样开始出现，它简洁凝练、庄重浑厚，具有浓厚的宗教色彩和审美感，比如饕餮纹经常被用作装饰纹样。春秋战国时期的纹样从相对简洁走向复杂化，从动物纹样转向以表现现实生活的纹样为主。

秦汉时期，吉祥纹样开始出现。魏晋南北朝时期的社会动荡不安，纹样的很多题材与佛经故事有关，当时形成了不少独具特色的、带有佛教色彩的吉祥纹样。

隋唐时期，人们开始广泛运用花草纹。唐朝时期的纹样活泼而极具生命力，最具代表性的纹样是宝相花纹和卷草纹。汉朝以前，只有统治者的服饰才可以有纹样图案，但从唐代开始，普通百姓的服饰也可以有大量纹样图案。

宋元时期的装饰纹样进入高度普及时期，主要以清新淡雅为主。当时的纹饰秀丽、轻盈且巧妙，再加上工笔绘画的兴起，使纹样的设计更富有真实性。

明清时期的装饰纹样主要延续了唐宋时期的风格，吉祥纹样被广泛运用，其内涵表达丰富、造型款式多样。同时，随着西洋绘画的传入，纹样也变得更加写实。

传统纹样的演变过程如表3-2所示。

表3-2 传统纹样的演变过程

时期	风格特点	纹样
原始社会	简洁、庄重大方、对称	几何纹样
夏商周	简洁庄重，具有宗教色彩	动物纹样（饕餮纹）
春秋战国	逐渐复杂化	生活纹样
秦汉	吉祥纹样开始出现	吉祥纹样（云纹）
魏晋南北朝	与佛经故事有关	植物纹样（莲花纹）

（续表）

时期	风格特点	纹样
隋唐	活泼、极具生命力	花草纹样（宝相花纹、卷草纹）
宋元	清新淡雅、秀丽轻巧，较为写实	吉祥纹样
明清	内涵丰富、款式多样、风格写实，吉祥纹样被广泛运用	吉祥纹样

2. 视觉设计中的色彩

古代中国人认为万事万物均是由"金、木、水、火、土"五种基本元素构成的，这五种基本元素对应着"赤、黄、青、白、黑"五种正色、"东、南、西、北、中"五个方位及"春、夏、秋、冬、季夏"五时。五行之间相生相克、对立统一，自然界中的颜色均由赤、黄、青、白、黑五色调和而成，传统的五色体系也随之产生。在西周时期，出现了"正色"和"间色"的概念。"正色"作为原色，地位最高，"间色"就是由正色两两调和而成的颜色，地位较次，间色还可以再进行调和，这样就形成了色彩的衍生体系。

随着不同朝代的演变，主流色彩也随之变化。传统的色彩观与中国古人的宇宙观、世界观、价值观等均有紧密的结合，有着丰富的内涵与意义。1666 年的牛顿色散实验为色彩理论的形成奠定了基础，色彩体系、色彩的通用标准、色彩心理学等先后出现。现代的原色即色彩中不能再分解的红、黄、蓝三种基本色，它们可以被调和成任何颜色，间色是由两种原色调和而成的颜色，复色是由两种间色调和而成的颜色，复色又可以通过两两调和产生新的复色，人们在日常生活中见到的大多数颜色都是复色。色彩心理从视觉开始，到知觉、感情再到记忆、思想、意志、象征等。色彩的情感性与人的主观情绪有很大的关联，人们在接收到不同的颜色后，会产生不同的心理反应。人们看见某种色彩后所产生的第一感觉，即人对色彩的感知。

📖 拓展阅读：不同哲学思想中的色彩

传统五色在儒、释、道等不同哲学思想中的意象解释存在差别。

受"礼"和"仁"等核心思想的影响，儒家将色彩划分为正色、杂色、美色、恶色四种类型，形成了以正色为尊，间色为卑的色彩意象观念。这种色彩意象观念也体现了阶级统治下的等级、尊卑、贵贱等社会伦理和道德意义。

道家思想注重"道法自然"，与阴阳五行学说和儒家思想不同，道家对五色的态度是较为负面的，因其崇尚自然天性、返璞归真，所以认为五色是繁杂世俗、混沌社会的污浊色彩。道家思想有其独特的宇宙观和精神世界，崇尚素净、注重黑白之美，暗藏玄机的玄黑之道和自然纯粹的素白之境才是道家追求的色彩意象观。

佛家思想追求"平淡"和"空灵"，较为推崇黑、白两色，并为其赋予了"静"和"寂"的色彩意象，这与道家思想的色彩观较为相似。除此之外，佛家尚黄贵红。

（1）正色

在五种正色中，黄色的地位最为重要。由于对土地的崇拜，再加之它符合古人"以自我为中心"的思想，黄色逐渐成为一种地位尊贵的象征。在古代，黄色就是贵族和皇权的象征，也被佛教大力推崇，宫殿、庙宇的墙壁多用黄色。在视觉设计中，黄色是亮度最高的颜色，会给人的视觉带来强烈的刺激，有迅速、警戒、醒目的效果，但不适合长时间观看。

从古至今，中国人一直将红色视为生命的象征，红色代表了一切希望的所在，中国人的尚红思想从未改变。古人认为红色代表"富贵""喜庆""吉祥""丰收"等含义，故而宫墙和宅院多用红色。现如今，经过世代传承和不断演变，红色象征着"革命""进步""忠诚"，代表着"热情""团结""拼搏"。与黄色相比，红色的饱和度和明度稍低，视觉刺激稍弱，在视觉设计中的应用相对较少，往往用于节日等特殊时期。

中国人对黑色的崇拜有着悠久的历史，尤其是在秦汉时期，皇家极度推崇黑色，并认为黑色是高贵的象征。阴阳八卦中的两色即为黑色与白色，黑色具有"幽深""神秘"的象征意义，在宗教中常常代表"母性""至阴""圣人之心"，给人以不争、包容之感。黑色还象征着"严肃""正直"，但黑暗无光的意象又给人以阴险、恐怖的感觉。

白色与黑色一样，是没有任何修饰的颜色，最为素净，符合中国人两极同构的思维模式，是阴阳的色征。现在，黑色、白色等无彩色较为符合年轻人的审美，黑白搭配已经成为一种时尚潮流，再加上扁平化的视觉设计风格，给人一种简约时尚之感。

古人所说的"青色"并不单指青色，还包含了黑色，象征着"活力""坚强""古朴"等。与其他四个正色相比，青色并不受人们的重视。青色的视觉冲击力较弱，视觉传递速度较慢，在进行视觉设计时多被用于表达成熟、稳重、安静的设计主题。

（2）间色

阴阳五行学说中物质相生相克的关系对中国古代的五色意象有着深刻的影响。除了五种正色，中国传统色彩还包括十种间色，名称如表3-3所示。

表3-3　间色名称表

颜色	赤	黄	青	白	黑
赤	—	—	—	—	—
黄	橙	—	—	—	—
青	紫	绀	—	—	—
白	红	缃	缥	—	—
黑	深红	骝黄	深蓝	灰	—

按照五行相生相克的关系，间色可以分为"相生间色"和"相克间色"，具体的解释如下：赤生黄为橙色，黄生白为缃（浅黄色），白生黑为

138

灰色，黑生青为深蓝色，青生赤为紫色；赤克白为红（浅红、粉红色），白克青为缥（淡蓝色），青克黄为绀（绿色），黄克黑为骝黄（褐黄色），黑克赤为深红色。这种相生相克的分类方式，为间色提供了更生动、丰富的色彩意象。

基于阴阳五行学说相生相克的原理，"相生补色"和"相克补色"的概念得以产生。相生补色，是由与某正色不具有相生关系的两种颜色调和而成的间色，该间色与该正色是一组相生补色。相克补色，是由与某正色不具有相克关系的两种颜色调和而成的间色，该间色与该正色是一组相克补色。每对补色均遵循五行相生相克的规律，并存在冷色与暖色、明亮与暗淡、绚丽与浑浊的对比。

（二）布局

布局设计与页面排版是相辅相成的。中国传统观念追求完美与和谐，所以许多中国风的设计会强调布局这一观念。在界面设计中，首先，设计者通常会采用完全对称或非常整洁的布局形式，使界面上的各种视觉元素具有相应的位置或空间，反映中国人的典型精神追求，给用户一种平衡的审美感觉；其次，设计者会采用现代设计技术进行大面积的留白，将主要信息提取到重要位置，适当降低首页的内容承载能力，突出重点，给用户一种舒缓的美感；最后，设计者还可以借鉴中国画的散点透视和黑色来进行布局，给人无限的遐想空间，使整个布局产生一定的艺术理念和节奏，给用户一种朦胧的感觉。

文字是信息的主要载体和表达手段，中国汉字独特的形式代表了中华民族的文化特征。在界面的布局设计中，文本信息是界面内容占比最大的一部分，除了页面上的大段文本，标题、导航信息、文本链接、图片描述等其他内容仍然与文本密切相关。文本的字体设计就是按照视觉设计规律，遵循一定的字体塑造规格和设计原则对文字进行整体的精心安排，创造性地塑造具有清晰、完美的视觉形象的文字，使之既能传情达意，又能表现出赏心悦目的美感。字体设计既是一种相对独立的平面设计形式，又是设计中的重要元素之一。在布局设计中，文本的字体不仅要体现自身的美感，还要与整个产品达到完美和谐的统一。

中国风字体设计是在设计字体时将中国元素合理运用到字体中。在中国古代，人们使用的文字是笔画复杂的繁体字，现在通用的简体字是在经过多年的简化和演变后才形成的。在字体设计中，设计者要想体现出中国风的传统元素，就要化简为繁，对文字的字体笔画和细节处理得越烦琐，其呈现出的整体风格和视觉效果就会越古典，越具有传统中国风的韵味。"繁"作为中国风字体设计的主要规律，是建立在提炼传统元素的基础上的，它并不是指"杂乱"和"繁多"。中国风字体设计的具体方法有以下四种。

1. 笔画细节修饰

文字笔画的细节修饰最能直观地表达字体的性格，设计者可以在设计字体细节时结合中国传统元素，较为常用的手法是加入古代建筑中的飞檐翘角元素。飞檐翘角是中国古代建筑中极具特色的结构形式，具有中国古建筑的独特韵味，非常适合融入方方正正的汉字。设计者可以将其用于文字横笔的起笔与收笔之处，在横笔和折角处做类似"飞檐翘角"的艺术处理，如图 3-38 所示，充分展示浓郁的中国风特色。

图 3-38　飞檐翘角字体设计

除此之外，设计者还可以在字体中加入祥云纹、回字纹等中国传统纹样，如图 3-39 所示，将这些中国传统元素与字体结合，根据字形掌握好艺术处理的度，使所有的艺术变化服务于字体本身，最终完成对文字笔画细节的修饰。

图 3-39　祥云字体设计

2. 笔画形变

常见的笔画都是横平竖直、规规矩矩的。如果设计者将笔画做一些变形，将传统物件的基础形态运用到字体设计中，根据特定规律变形后的字体就增添了中国味道，提升了质感及画面感。

3. 繁体和篆书借鉴

繁体字的笔画相对于简体字要多一些，因此繁体字更具有沧桑的年代感。由于篆书保留着古代象形文字的特征，因此更具文化底蕴，有极强的装饰性。但是在借鉴篆书时，设计者需要注意文字的易读性，篆书距今较为久远，无法被现代人轻易识别，设计者要根据实际情况进行合理的调整，首先保证文字的识别性，然后再进行艺术处理。篆书的笔画丰富且曲线较多，在进行字体设计时，设计者可以将曲线改为直线，将斜线改为折线，避免让字体给人年代过于久远的感觉。

4. 图形结合

在纯文字的字体设计中加入一些辅助的图形，可以增强整体的形式感。将图形融入字体的方式一般有两种。第一种方式是将图形融入字外，就是在字体的外部添加一个辅助的图形，该图形不与字体内部的笔画有太多的关联。第二种方式是将图形融入字内，可以将某一笔画直接替换成某一种图形，这种处理相对来说会比较麻烦，但也更具艺术观赏性。园林中的门、窗，梅兰竹菊、龙凤，以及国画中的印章都是提取图形元素的好方向，将这些图形作为字体外部的图形，能起到强调的作用。在进行字体设计时，设计者要充分利用图形的特点，让文字的笔画和图形有适宜的位置关系。其中，特别需要注意的一点是，设计者需要尽量选择一些简明的图形，否则复杂的图形配上复杂的文字，会给人比较杂乱的视觉效果。

（三）交互

交互设计改变了以往工业设计、平面设计、空间设计中以物为对象的传统，直接把人类的行为作为设计对象。在交互的过程中，交互设计师更关注经过设计的、合理的用户体验，而不是简单的数字产品的功能。因此，用户获得的不只是单一的数字产品，而是以数字产品为媒介的一个完整的服务平台。人们通过改变材料、色彩、结构或功能可以获得一个新的工业产品概念，而获得一个新的交互设计概念往往需要从重新确定参与者、定位行为动机、规划行为过程、谋求新的手段、营造新的场景等角度入手。

随着数字媒体的普及和电子设备的日趋先进，交互设计由早期的单一互动转为双向的人机互动，在当今交互设计注重精细化、人性化的趋势下，交互设计以文化为载体，与文化相互交融。

数字产品要想在中国的市场竞争中占据有利地位，不仅要依靠数字产品本身的优越性，还要将现代技术与优秀的中华传统文化结合起来，在传播过程中凸显品牌个性，使优秀传统文化得到升华。例如，在设计交互界面的风格时引入水墨画元素，会使交互界面显得古朴，富有诗意，韵味浓厚；如果将书法艺术提炼到交互设计中，会给用户带来强烈的视觉冲击，使用户感受到浓厚的文化底蕴。

设计动画是活跃界面氛围、促进数字产品运营和发展的有效途径。然而，为了吸引用户，许多界面只简单地展示动画的"酷"和"炫目"，忽略了界面的主要内容。一些网站和App让动态浮动广告漫天飞舞，令人眼花缭乱，这种动画实际上已经成了网站和App的干扰，对界面内容的宣传效果百害而无一利。设计者适当使用具有强烈中国气息的动画，可以突出中国特色，增强整个界面的本土特色。

系统的行为和结构都属于交互设计的领域，交互设计一直致力于探究数字产品与用户的关系，例如，按钮、弹窗、侧边栏、动效等交互方式都是交互设计需要考虑的内容。视觉设计、布局设计和交互设计的更新迭代都是为了更好地迎合用户，满足用户的个性化和情感化需求。当下，情感化的交互体验被越来越多的用户群体关注，因此，在设计 App 和网站时，设计者要让用户群体在使用数字产品的过程中体验到用心的交互设计，要将情感化交互设计的关注点放在可用度及用户心理上，让用户能够愉快地使用数字产品。

第四节 原型设计工具

一、交互设计工具

（一）Behance

Behance 是国外知名的设计网站之一，利用多种空间、按钮、文字排版等规范，提供了各种网页、App 设计案例，给用户较好的交互体验。

（二）CodePen

CodePen 是一个偏向开发类的网站，是前端开发者的"游乐场"。前端开发者能在网站中挖掘许多较为实用的材料，不仅可以看到许多有新意的设计案例，还可以找到用于构建设计或动画底层的 CSS、HTML 或 JavaScript。

（三）XMind

XMind 是非常实用的思维导图软件，它简单易用，功能强大，强调软件的可扩展、跨平台和稳定性，致力于帮助用户提高生产率。用户在进行产品规划、头脑风暴、任务分析等工作时，可以使用 XMind。XMind 的文件可以导出 Word、PPT、PDF、图片等格式，方便用户将内容共享给其他人。

（四）Dribbble

对于设计者、开发者或从事视觉创意及相关领域的艺术家来说，Dribbble 平台的人气较高，用户可以找到各类网页及 App 的精美设计案例，这些案例包括简单的图标和功能完整的网站。

在进行交互设计时，还有很多工具也很常见。例如，Visio 用于绘制流程图，操作简单易懂；Pixso 能够将设计和协同、交付结合起来，支持自动标注、链接交付等；Sketch 是一个矢量 UI 设计软件。其他可使用的交互设计工具还有 MasterGo、Adobe XD、Miro、Abstract、UserZoom、Optimal Workshop、Microsoft Teams、蓝湖、墨刀等。

二、配色工具

目前大部分主流设计软件提供的选色工具均是基于西方物理学的色彩体系建立的，如以色相（Hue）、饱和度（Saturation）、明度（Brightness）这三个维度建立的 HSB 选色器，以色相（Hue）、饱和度（Saturation）、亮度（Lightness）这三个维度建立的 HSL 选色器，以红色（Red）、绿色（Green）、蓝色（Blue）为光谱原色建立的 RGB 选色器，以及以青色（Cyan）、品红色（Magenta）、黄色（Yellow）、黑色（Black）四种颜色混合叠加建立的 CMYK 选色器。现有调色板的主要特点是能够理性客观地为设计者提供色彩选择，比较符合西方色彩文化写实主义的色彩审美意识。

原型设计中的色彩搭配要利用色环上的邻近色、对比色、互补色等，注重色彩搭配原则及用户心理，对用户界面进行合理设计，使界面整体的色彩平衡、色调和谐。好的原型设计中的色彩搭配有利于提高用户的使用效率，增强用户的安全感，提升用户的使用舒适度，激发用户的使用热情。

（一）配色表

配色表是简单好用的配色工具，配色表中不仅有传统色、低调色、渐变色、卡其色等主流色彩的样例，还有不同风格的色彩搭配，用户单击色值即可复制色号代码，操作简便。全站提供多种配色卡、网页配色、配色方案和配色游戏等，用户只要选取心仪的主色调即可获得最佳配色推荐。

（二）材料设计调色板生成器

用户可以使用材料设计调色板生成器，选取两种主色调进行调色板预览，该生成器会根据调色板给用户推荐原型设计的各种搭配颜色，如文本颜色、图标颜色、分割线颜色、背景颜色等，方便用户进行配色设计，如图 3-40 所示。

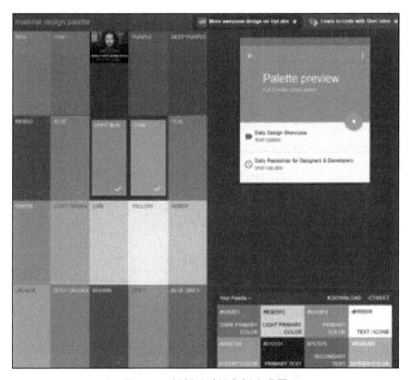

图 3-40 材料设计调色板生成器

（三）调色板

调色板提供颜色发生器、调色板、模式生成器、颜色转换器等，如

图 3-41 所示，用户可以进行多种色彩模式的选择和搭配。

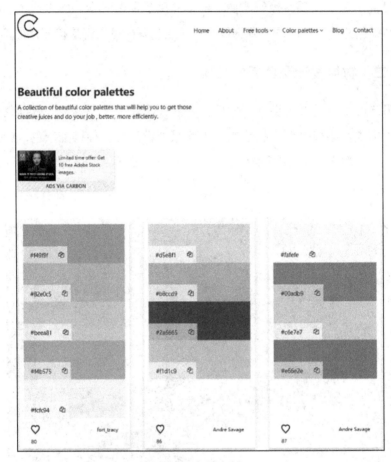

图 3-41　调色板

（四）Flatuicolorpicker

Flatuicolorpicker 是很实用的平面色彩 UI 设计工具网站，网站内有多种色彩和色彩模型，包括 CMYK、十六进制、HSL、RGB 等色彩模型，如图 3-42 所示，它能为用户提供平面设计的完美颜色和灵感，方便用户选色和搭配。

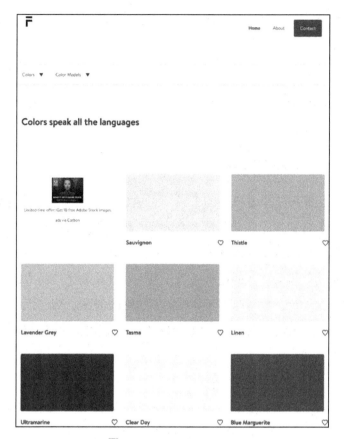

图 3-42　Flatuicolorpicker

（五）uiGradients 网站

uiGradients 网站是以渐变色彩为主的网站，用户可以根据自己需要的风格选择渐变搭配，然后浏览和下载配色图，网站内的配色方案是多种多样的。

（六）中国色网站

中国色网站的整体设计和颜色的选取都具有浓郁的中国风，用户可以选择色彩并预览，每个颜色都标注了色彩名称、色号、CMYK值和RGB值，方便用户选色和使用。

除此之外，花瓣网、千图网、大作等设计网站都提供了许多配色方案供用户选择。

三、原型设计工具

（一）Axure 原型工具

Axure 是交互设计最核心的工具，它输出的"原型"是交互设计师与产品经理、前端开发、后端开发、测试等人员沟通的最好媒介。"原型"是数字产品开发前期的重要设计内容，它直观地体现了数字产品的框架结构、界面内容及功能模块之间的逻辑关系，且不断确认数字产品中的模糊部分，为后续的视觉设计、数字产品开发提供了准确的信息。Axure 的主要功能除了包括绘制"原型设计图"，还包括绘制"操作流程图""信息架构图"等。

（二）摹客

摹客（Mockplus）是专注于一站式的数字产品设计及协作的设计协作品牌。依托"1+2+1"（1 个平台 +2 个工具 +1 个设计系统）的数字产品矩阵，摹客提供全流程协作、原型设计、UI 设计、数字产品需求文档撰写管理、自动标注切图、高效评论审阅和设计规范管理支持。摹客覆盖全工序的数字产品设计、多种数字产品形态，支持全部主流设计稿交付，助力产品经理、设计者、开发人员高效协作，可灵活适应不同类型的企业团队需求。作为一个全平台的原型设计工具，摹客持续提供一系列好看且实用的免费素材。用户可以利用被封装好的组件、图标资源及页面模板，快速设计、创建各类原型项目，实现网页、App、桌面原型的无压力切换。摹客可以自产原型及高保真设计，从数字产品设计到开发的各个工作环节，团队成员可以使用不同的设计工具，通过摹客平台协同工作。摹客主要适用于新手产品经理和设计者。

（三）JustinMind

JustinMind 是一个针对移动应用的原型设计工具，它虽然不如 Axure 知名，但是在移动 App 的原型设计支持上，它比 Axure 更好。它可以创建带有注释的高保真原型，支持手势操作，其小部件库包括所有的苹果 iOS 图标，还添加了 Android Nougat UI 工具包。JustinMind 主要适用于追求高保真原型的产品经理和设计者。

（四）ProcessOn

ProcessOn 是一个在线作图工具的聚合平台，用户可以通过该平台在线画流程图、思维导图、UI 原型图、网络拓扑图、组织结构图等，无须担心下载和更新的问题。

（五）MaterialUP

MaterialUp 网站的主题是材料设计，提供许多网站示例、移动 App 截图、工具、提示等。此外，它的界面整体设计采用了多种材料设计的手法，它本身就是一个很好的设计案例。

（六）画廊博物馆

画廊博物馆集合了各个网站在互联网初期的网站原型。在这里，用户可以看到肯德基、谷歌、亚马逊、YouTube、Facebook 的初期网站原型，回归经典。画廊博物馆的界面简洁，几乎涵盖了用户想找的所有网站。

（七）Figma

Figma 是一个完全免费的在线设计软件，是一个可以让团队成员同时查看设计图并修改协作的平台。设计者可以无缝完成从设计到原型演示的切换，不需要反复同步设计图到第三方平台，并且可以利用 Figma Mirror 在手机上预览效果。用户单击播放图标就可以进入演示模式，实时查看已完成的原型。在 Figma 里，设计和协作可以同时进行，任何人都可以在设计图的任何地方添加评论，还可以将评论标记为已解决。

（八）Proto.io

Proto.io 是一个专门用于移动应用的原型工具，可以构建和部署全交互式的移动应用的原型，并且可以模拟相似的成品。Proto.io 可以让用户制作任何带有屏幕界面的原型。它可以在大多数浏览器中运行，并提供了三个重要的接口：dashboard、编辑器和播放器。它包含丰富的可自定义的 UI 元素，支持多屏互动和组件交互，支持从 Dropbox 上传设计图，但不支持实时预览。

除此之外，低保真的线框图工具 Balsamiq Mockups 主要适用于原型设计的初始阶段；用于移动开发的原型设计工具 Fluid UI 适合跨平台开发者；基于网页的在线原型设计和协作工具 InVision 便于收集多方设计反馈，设计者经常将其用作原型演示工具；还有一些微信公众号和小程序也可以进行简单的原型设计。

· 思考题 ·

1. 请运用低保真原型描述学校图书馆的运营模式，找出当前存在的问题，并用低保真原型进行改进。

2. 请设计一个简易的视觉界面，要求运用视觉设计的相关原理（如接近法则、视觉层次、色彩搭配等）。

3. 简单谈谈 UX、UI、IA 和 IXD 的区别与联系。

4. 请举一个交互设计的案例，并运用所学的交互设计原则进行分析。

5. 假设你要设计一个小程序，你会如何考虑连续式交互、渐进式交互、被动式交互与混合式交互？

6.中国银行的标志可谓经典中的经典，设计者将中国古代串红线的钱币形状与"中"字结合，造型简洁明了，外圆内方的纹样隐喻中国天圆地方的传统哲学观念，该标志不仅突出了银行的职能和所属国家，更具有一定的文化内涵，极具中国特色。除此之外，还有许多标志运用了中国传统纹样，如中国华夏银行的"玉龙"纹样标志、中国人民银行的"刀币"纹样标志、中国联通的"盘长"纹样标志、中国国际航空公司的"凤凰"纹样标志等，如图3-43所示。请为你家乡的文化产品/政府机构设计一个含有中国传统纹样的标志。

图3-43　各类运用传统纹样的标志设计

第四章

数字音像产品

第一节　数字音像产品的类型与特点

数字音像产品与传统的以物理介质为载体的音像产品不同。数字音像产品是指通过互联网以下载和点播等方式传输的数字产品。数字技术的发展使各种视频类和音频类的产品层出不穷，整个音像产业已经发生了极大的变化，呈现出新的发展态势。

数字音像领域流行的产品种类有很多，产品的形式也很新颖。如果不严格考虑分类原则，数字音像产品可以分为音乐搜索类、播放器类、音乐网站类、音乐频道类、音乐视频类、视频门户类、原创门户类、音乐平台类、推荐平台类、社区分享类、互动平台类、语音平台类、音乐云类、手机音乐类和音乐游戏类等。如果以呈现给用户的不同内容形式为分类依据，数字音像产品大致可以分为六类：短视频类、有声读物类、音乐播放器类、视频门户类、互动平台类和音乐游戏类。

其中，短视频产品是指在各个新媒体平台上播放的，与其他类型相比更适合在移动状态和休闲状态下观看的高频推送的视频类型，时长从几秒到几分钟不等。最早的短视频平台是 Viddy，其正式上线的时间是 2011 年 4 月 11 日，Viddy 的主要功能是用简洁的方式制作和分享短视频。其他短视频平台还有抖音、快手、哔哩哔哩和 YouTube 等。短视频产品作为当前主要的数字音像产品，它的出现对信息的传播产生了巨大的影响。短视频产品不仅具有更加突出的视听化与社交化特征，有利于促进新媒介形态的快速推广，还能为主流媒体的传播创造更多的话语权与表达机会。短视频产品的特点是内容碎片化、操作便捷，在一定程度上，短视频产品也改变了人们的休闲娱乐方式。长视频产品的时间比较长，内容比较有深度，设计和制作长视频所花费的成本比较大，而短视频产品相对比较简单，即使没有经过专门学习的人也可以成为短视频内容的生产者。但是无论视频产品是长还是短，生产者都需要对内容进行一定程度的加工和设计。

有声读物产品是指以声音为主要呈现形式，需要存储在特定载体并通过播放设备解码载体内容，以听觉方式阅读的音像产品，典型的产品有喜马拉雅、蜻蜓 FM、懒人听书、Audible 和 LibriVox 等平台上的有声小说、多人广播剧、有声绘本和播客等。有声读物产品的最大特点是以音频形式进行传播，这在一定程度上可以解放用户的双眼和双手，用户不仅随时可以收听，还可以避免用眼过度带来的危害。有声读物产品可以让用户不被弹窗式广告打扰，甚至帮助用户进入睡眠。

音乐播放器产品是指用于播放各种音乐文件的多媒体播放软件，包括 QQ 音乐、酷狗音乐、网易云音乐、Spotify 和 Apple Music 等。音乐播放器产品不仅提供音乐搜索功能，更利用算法对用户进行个性化推荐，如每日推荐歌单、私人 FM 和个性电台等。

视频门户产品是指用于播放各种视频文件的多媒体播放平台。视频门户产品（如爱奇艺、优酷、腾讯视频、YouTube 和奈飞等）的内容以传统内容生产者如电视台和电影公司的热播电视剧、综艺节目、新闻和电影为主，也有纪录片和科普节目。这些平台如奈飞也开始自己创作和制作节目，最重要的是，这些平台诞生了巨量用户自己生成的视频产品，这些视频产品以各种形式出现，如 vlog、影视剪辑视频、配音视频和解说视频等。

互动平台产品是指让主播与用户通过数字影像直播的形式进行互动的软件。互动平台产品包括 YY 语音平台、斗鱼直播平台、虎牙直播平台、Twitch 和 Periscope 等。互动平台产品的特点是内容丰富、交互性强、不受地域限制及用户可以被划分。

音乐游戏产品是指录制数字音频文件的游戏类软件，包括唱吧、全民 K 歌和配音秀等。音乐游戏产品支持 K 歌、连麦、弹唱、社交等功能。用户可以使用软件录制并保存自己的演唱，制作音频专辑，还可以添加自己的照片或视频，制作个性化的音乐短片。好友推送和社区分享等功能使用户在娱乐身心的同时还能结识更多趣味相投的人。

第二节　数字音像产品的设计

数字音像产品的表现形式、叙事方式及用户体验均有特殊的表现。数字音像产品借助数字媒体技术不仅创新了表现形式，还极大地扩大了传播范围，短视频、有声读物、数字影像直播和数字音频游戏等数字音像产品层出不穷，恰好满足用户的猎奇心理。从叙事方式来看，数字音像产品更直观，也更具有画面冲击力。短视频的画面可以加强台词的文本叙事，能够让用户更深刻地感受到音像创作者的意图。在用户体验方面，与传统的图形图像类产品相比，音乐视频类产品更能刺激人的感官，视觉和听觉结合的方式在一定程度上增强了传播的效果。

因此，数字音像产品的设计尤为重要，在设计过程中设计者既要考虑如何让用户获取价值，又要考虑如何让用户产生情感共鸣。数字音像产品和以文本为主的产品都需要设计文字脚本。以文本为主的产品需要设计提纲和文字排版，而数字音像产品要考虑视觉、听觉和空间等要素。例如，vlog 设计制作要确定场面调度，即确定拍摄场景的空间组织，确定拍什么、如何拍及拍摄的结果，具体内容包括场景设计、摄影、视觉艺术、服装、人物、拍摄方案的比例等。由此可见，在数字音像产品的制作过程中，设计者要考虑的要素比以文本为主的产品多。

一、短视频产品的特点及设计

（一）短视频产品的特点

科技发展让人们生活在信息化时代，生活节奏的加快让人们的时间变得碎片化，而短视频产品恰巧能够填补碎片化时间，成了人们获取信息的重要途径之一。从生产、传播和内容属性来看，短视频产品的特点有以下四个。

1. 制作简单，交互性强

短视频产品的制作成本低，制作门槛也低，不需要专业的设备，非专业人士也能制作。短视频产品的制作者通过手机拍摄短视频，简单进行处理后就可以发布并获得流量与关注，所以短视频产品的内容也比较简单。短视频产品的观众既是观看者、制作者，也是传播者。因此，短视频平台是一个为人们提供自我展现机会的平台，可以让普通人在传播日常内容时产生更强的对话感，促使公众积极参与互动。

2. 存储数据小，传播范围广

短视频产品可以在较短的时间内将主题内容讲解清楚，因此它的存储数据比较小，被下载后占有的内存空间也比较小，它可以在手机等移动设备上轻松实现观看、评论、在线转发等功能。此外，丰富的传播渠道也加大了短视频产品的传播力度，拓宽了短视频产品的传播范围。

3. 优质内容是核心竞争力

短视频产品并非简单地对长视频产品进行压缩和选取，而是将内容在较短的时间内呈现给观众，并且向观众呈现出最有价值的信息，优质视频内容是创作短视频产品的准则。短视频产品的内容一般聚焦于幽默搞笑、时尚潮流，往往基于内容场景和情感式共鸣吸引用户。

无论从表现形式还是从叙事方式来看，短视频产品都更加多元化，也更符合数字时代用户的需求。用户运用充满个性和创造力的制作和剪辑手法创作出精美、有趣的短视频产品来表达个人想法和创意。

4. 具有社交属性

短视频产品深入日常生活，成了大众日常交往的底层语言。随着用户数量的大规模增长，短视频平台逐渐成了新的社交平台，其功能也从娱乐转向对日常生活的记录、表达和分享。短视频平台只有成为传播的基础设施和基本语言，只有超越消磨时间的娱乐工具定位，才能保证持久的生命力。短视频产品用户的社交关系和用户对日常的记录行为是相互促进的。

用户为其潜在、特定的对象记录日常，而相关对象看到后的反馈，也加深了彼此之间的亲密感。随着时间的流逝，那些具体的"点滴"都会被遗忘，但具体的人和关系却被存留下来了。

（二）短视频产品的设计

与其他数字产品的设计一样，短视频产品的设计也主要包括界面设计、交互设计和内容设计。

1. 短视频产品的界面设计

界面是短视频产品带给用户的第一印象。短视频产品的界面设计是指对界面图标、视觉、布局等影响用户体验的要素的设计。短视频产品的界面要求简洁明了、识别度高，短视频产品的外部图标大多采用标志性符号或字母、文字等，内部界面设计也以简洁明了为主。简洁明了是界面设计较为常用的风格，也是符合多数用户需求的设计风格，而在具体的设计中，短视频产品界面的色彩饱和度、整体基调等都各具特色。目前，年轻人喜欢色彩饱和度较低的糖果色等色调，年龄较大且性格严谨的用户更欣赏简约的风格。可自定义化和皮肤设置是短视频产品界面设计中的常用设计，可选择化与多样化也在一定程度上带给用户更好的体验。

📖 扩展阅读

抖音的界面视觉设计选取黑、白和灰三色。黑色往往代表着神秘与高级感，不仅凸显抖音短视频的个性化，也符合近年流行的暗黑模式。暗色调能够减轻长时间使用抖音所产生的眼睛疲劳症状。抖音界面如图4-1所示。

在内容布局方面，全屏显示是抖音的核心特点。功能图标在内容页之上的设计十分简洁大方，点赞、评论和转发的图标位于页面最右侧，能够突出中央区域的视频内容。操作设置符合用户的使用习惯和交互设计的基本要求。

图 4-1　抖音界面

2. 短视频产品的交互设计

短视频产品的交互设计是指用户与短视频产品创建的一系列交流方式与内容。短视频产品的交互设计的根本目的是让用户感觉操作简单，使用户的满意度变高，进而提高用户的使用黏性。交互设计的方法是减少用户获取下一个操作的成本，缩短操作进程，让用户在操作时更好地沉浸其中。此类交互设计有引导式交互设计、手势交互设计和操作交互反馈设计三种形式。引导式交互设计是为使用短视频产品的新手设计的，在新手用户操作的过程中帮助其快速了解并使用该产品，引导新手用户熟悉产品的主要功能和操作界面。手势交互设计要符合智能手机界面简单操作的特点，以轻扫和轻点为主。例如，当用户进入抖音首页时，就进入一个完全的全屏短视频内容世界，不需要进行任何操作，便可进入自动播放模式，如果用户想观看下一个内容，选择向上轻扫即可。操作交互反馈设计是指用户操作后，短视频产品应该执行相应操作并将操作结果以辅助提示的形式展示给用户。操作交互反馈设计在一定程度上保证了用户操作的流畅性。

3.短视频产品的内容设计与制作流程

短视频产品的内容设计是指对选题策划和所传递的信息进行设计。优质的内容即有思想、有品质、有创新的内容,具有较强的吸引力和感染力,容易引起用户的认同与共鸣。在设计短视频产品的内容时,拍摄者可以考虑围绕一个领域的主题进行扩展和细化,创作系列化内容,还可以结合时事热点设计内容。通过与时事热点结合,短视频产品能引发多名用户的讨论,进而提高其社交属性。

拍摄者选取好的主题是创造优质内容的关键,但想要拍出吸引用户的短视频产品,准备工作和创作过程也尤为重要。如图4-2所示,短视频产品的制作流程包括前期脚本与设计、分镜头脚本制作与设计、选择拍摄技巧、剪辑和配字幕。

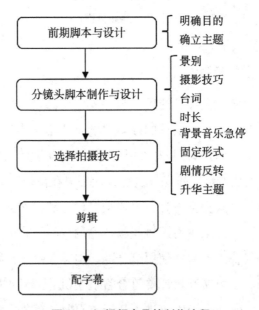

图4-2 短视频产品的制作流程

（1）前期脚本与设计

在拍摄之前,拍摄者需要构思拍摄内容的整体方案。整体方案往往以明确目的和确定主题为主。所谓明确目的,是指拍摄者根据自身需求,预先明确拍摄短视频产品的目的，即为了什么而拍摄。例如，拍摄宇航员做太空课堂实验，目的是让太空实验唤起青少年的科学热情。目的不同，拍摄的方向和侧重点就不同，如果在拍摄过程中违背了拍摄目的，拍摄者需要及时做出调整。

一般而言，主题是指拍摄者想要拍摄的主要内容，或拍摄者想要传达给用户的中心思想。例如，太空课堂实验的主题是太空失重。明确视频主题，目的在于让拍摄者厘清思路，以免在后续的拍摄过程中出现偏题或内容散乱的问题。选择主题需要一定的设计思维。拍摄者在选择主题时需要考虑以下两点。第一点是合理选材。现代社会每天都会出现许多热门事件，如何从中挑选合适的题材，是每个拍摄者需要考虑的问题。拍摄者需要从不同的渠道获取大量的素材并进行严格筛选，找出具有典型意义的事件后再安排拍摄和制作。第二点是精心寻找切入点。即使是相同的素材，切入的角度不同也会造成视频最终呈现的效果不同。因此，在合理选材的基础上，拍摄者还要懂得从不同的角度看待问题、分析事件，精心寻找切入点，并设计主题。

（2）分镜头脚本制作与设计

分镜头脚本是指拍摄工作台本、导演剧本，也是将文字转换成立体视听形象的中间媒介，其任务是根据解说词或台词来设计相应画面，配置音乐，把握短视频产品的节奏和风格，突出和具体化短视频产品的细节。分镜头脚本设计通常考虑景别、摄影技巧、台词和时长。

景别是影响视频画面构图的重要因素。景别是指拍摄物与镜头的距离变化，其效果是造成被拍摄主体在画面中所呈现的范围大小的区别。景别分为远景、中景、近景和特写。

远景是指将被拍摄主体和环境全部放在画面里，使被拍摄主体与环境相衬，展示拍摄时间，烘托整体的氛围。中景是指拍摄人物的膝盖以上部分，或是场景内某些局部的画面。通过中景的展现，观众可以清楚地看到人物的神态和肢体动作。近景是指拍摄人物胸部以上至头部的部位，或景物局部的画面。近景不仅有利于表现人物的面部表情，还可以捕获人物细微的动作。特写是对人物的眼睛、鼻子、嘴、手指等进行拍摄，适合用来表现需要突出的细节，增强视觉冲击力。如果短视频产品的主题是太空失重，其需要让宇航员演示将泡腾片放入太空水球的过程，最好采用中景构图，突出实验时宇航员手部的动作和眼神，从而达到与观众交流、拉近与观众的距离的目的。

摄影技巧是指在拍摄过程中巧妙使用镜头语言。镜头语言有四大类，分别是推镜头、拉镜头、摇镜头和移镜头。推镜头是指人们沿着直线，不断走近被拍摄主体。推镜头的作用是突出重要人物或物体，引导观众的视线逐渐接近被拍摄主体，逐渐把观众的观察从整体引向局部。在推进过程中，画面包含的内容逐渐减少，画面中多余的东西被逐渐摒弃。例如，在太空实验的拍摄过程中，随着镜头的逐渐拉近，画面中开始有做实验的宇航员和太空水球，随后镜头由拍摄整体转向拍摄局部，只拍摄太空水球的变化，让观众的视线逐渐锁定在太空水球上，增加观众观看的沉浸感。

拉镜头是指摄像机不断离开被拍摄主体。拉镜头的作用有两个。一个作用是表现被拍摄主体在环境中的位置，在同一个镜头内反映局部与整体的关系。另一个作用是在镜头之间进行衔接，例如，拉镜头可以将某个场景中的特写镜头拉远，使其变成全景镜头，然后将这个全景镜头与另一个场景中的全景镜头链接，这样两个镜头通过拉镜头衔接起来，就比不同场景中的两个镜头直接衔接自然很多。

摇镜头是指摄像机的位置不动，而镜头变动拍摄的方向，类似于人们站着不动，但转动头来观看事物。摇镜头分为四类，分别是左右摇、上下摇、斜摇，以及摇、移镜头混合在一起。缓慢的摇镜头技巧能起到拉长时间和空间的效果。摇镜头刚开始先停滞片刻，然后逐渐加速、匀速、减速，再停滞，落幅要缓慢，运动速度要均匀。例如，在拍摄奔跑玩耍的孩子们时，摇镜头能够从主观视线角度带给观众身临其境的视觉观感。

移镜头是指拍摄时通过机位的变化，一边移动一边拍摄。移镜头一般把摄影工具放在移动轨道上，向轨道的一侧进行拍摄。这种镜头的作用是表现场景中的人与物、人与人及物与物的空间关系，或把事物连贯起来加以表现。移镜头与摇镜头不同，移镜头是拍摄角度不变，但移动摄像工具本身的位置，适合拍摄距离较近的主体。当被拍摄主体呈现静态效果时，摄像工具移动，使被拍摄主体从画面中依次划过，造成巡视或展示的视觉效果。当被拍摄主体呈现动态效果时，摄像工具随之移动，造成跟随的视觉效果。

台词是为了镜头表达而准备的，起着画龙点睛的作用。在拍摄短视频产品前，准备好完整的台词脚本尤为重要。台词不要过多，对于时长为 60 秒的短视频产品，文字数不宜超过 200 个。例如，太空实验的短视频产品的时长为 69 秒，它采用 140 个字的台词推动实验过程的进行，通过简明准确的语言描述并解释实验，唤起观众的学习热情。

时长是指短视频产品的时间长短。拍摄者在拍摄前将单个镜头的时长提前标注清楚，以便在剪辑时找到重点，提高剪辑的工作效率。短视频产品的整体时长应尽量控制在五分钟以内，在这段时间，用户可以保持对视频内容的新鲜感。

（3）选择拍摄技巧

在短视频产品制作方面，丰富视频观感的其他技巧也有很多，如背景音乐急停、固定形式、剧情反转、升华主题等。运用这些技巧的目的是调动观众情绪，让观众期盼并愿意互动。但拍摄者要根据短视频产品的类型选择不同的技巧，一般而言，快节奏、搞笑、娱乐类的短视频产品适合多使用拍摄技巧，而慢节奏的旅行类和科普类短视频产品应更聚焦于内容。

背景音乐急停是指背景音乐在某一片段急停，吸引观众专注于该片段。这种技巧不仅简单，效果也好，不会给人浮夸的感觉。该技巧将背景音乐从有到无进行快速转变，凸显反差感，还可以在音乐急停的基础上改变音效或画面。

固定形式一般是指在视频的开头部分使用固定的开场白，通过特殊语调让观众感到亲切和熟悉。固定的文案风格、拍摄场景、背景音乐、视频滤镜和特效等都属于固定形式。用户平均每天观看短视频产品的时间不同，抖音每月的人均使用时长接近 33 小时。固定形式在一定程度能让用户快速记住同一拍摄者的内容，并留下深刻印象。"人民日报"官方抖音账号上以外交部例行记者会发言人讲话为主的视频，就是采用固定形式的拍摄技巧，以增强用户对记者会的记忆。

剧情反转也是常用的拍摄技巧，出乎意料的转折和强烈的戏剧化冲突能瞬间点燃观众的热情，刺激他们的视觉神经和心理体验。短视频产品受时长限制，需要在几十秒内激发观众的观看欲与同理心，因此通过剧情反转带来兴奋点十分重要。剧情反转还能培养观众的期待心理，即使观众已经知道后面会有反转，但仍然坚持看下去，直到结尾才了解真相。

升华主题是指运用语言、文字、画面或声音在合适的阶段对内容进行升华，以提高视频的深度。升华主题的效果很好，能让观众产生好感。

（4）剪辑

剪辑是指将视频素材进行整合和选择，根据主题要求选择合适的视频素材进行剪辑，舍弃不合适的视频素材。拍摄者需要分析视频素材的逻辑结构，根据要表达给观众的内容进行选择，设计合理的拼接方式，对组合后的视频素材进行二次剪辑处理，不断完善视频的结构，增加视频的流畅度，进而形成富有感染力的视频产品。

通常而言，剪辑分为表现连续时空的连贯性剪辑、违反连续时空的非连贯性剪辑和无关时空的剪辑三种形式。根据处理手段，剪辑也可以分为情绪处理、动作处理、画面处理和段落处理四种形式。其中，情绪处理的方法包括长镜头延伸法和短镜头跳切法。长镜头延伸法能够保持时间的连续、空间环境的完整及人物在空间环境的连续行为，从而使观众产生强烈的真实感。短镜头跳切法打破在常规状态下镜头切换所遵循的时空和动作连续性要求，以较大幅度的跳跃式镜头组接，突出必要内容，省略时空过程。短镜头跳切法的使用往往会加重镜头的急迫感。

在短视频产品的创作过程中，运用剪辑技巧需要注意以下几点。第一点是剪辑者要充分掌握视频的特点，在视频脚本的基础上结合所有分镜脚本的要求进行剪辑。第二点是加强剪辑节奏的协调性，短视频产品更强调节奏。节奏可以将视频中不同人物的心理和场景等变化完整地呈现出来，而观众的情绪也会被视频的节奏感染。视频节奏分为外部节奏和内部节奏，内部节奏也称叙事性节奏，是由情节发展的内在矛盾冲突或人物内心情绪的起伏变化引起的节奏，如人物从开心到悲伤、从平静到震惊等，多数情况下还伴随着语言及动作的改变。外部节奏是由画面中一切主体的运动及镜头转换速度引起的节奏。第三点是采用灵活有效的剪辑手法，保证视频画面组接足够巧妙，使镜头之间能够流畅组接。镜头画面的组接除了采用光学原理的手段，还可以通过衔接规律使镜头与镜头直接进行切换。较为有效的组接方法有连接组接、队列组接、黑白格的组接、闪回镜头组接和动作组接。这些组接方法能够使视频内容呈现强烈的冲击效果。

关于视频剪辑，常用的剪辑软件有 Premiere Pro、Final Cut Pro、剪映、爱剪辑及必剪等。

（5）配字幕

配字幕，顾名思义，就是在视频中添加人物对话或解说的文字，目的是向用户快速有效地传递信息，帮助用户更好地理解视频要表达的意思。由于存在很多自然语言中的字词同音及拍摄者口音等问题，用户只有通过字幕将文字和短视频产品结合起来观看，才能准确地理解短视频产品的内容。另外，字幕也能用于外语短视频产品，让不理解外语的观众看懂视频所传达的信息。

（三）短视频产品的表达形式

短视频产品的表达形式是指如何展现短视频的内容及结构。短视频产品的表达形式分为个人叙述式、二人对话式和剧情式。

1. 个人叙述式

个人叙述式是指视频中一个人面向观众直接讲述道理、知识或故事，多用于知识分享类短视频产品。个人叙述式短视频产品的典型代表有"厚大·罗翔说刑法""无穷小亮的科普日常"等。

"厚大·罗翔说刑法"以罗翔老师为主讲人，他用幽默的语言风格为观众讲述法律案例。他的视频并非只是"有趣"，在幽默的段子背后，蕴含着理性和严谨的法律精神。罗翔老师极具故事性的叙事手法能够让观众迅速被故事情节吸引，从合乎常理但内容离奇的段子式的法律案例中学习刑法知识。他的短视频产品偏向于自我表达，将法律知识和自己朴素的价值观传递给观众。

"无穷小亮的科普日常"作为优质的科普自媒体，由《博物》杂志的张辰亮为观众科普动物和植物的相关专业知识。张辰亮采用接地气的叙述方式，为网友解决各类问题，他所科普的专业知识非常通俗易懂。

2. 二人对话式

二人对话式也被称为"你问我答"式。这种表达形式的视频通过"一问一答"式的两人对话讲述故事或提出问题的解决办法，观众是第三方旁观者，这种形式能让观众轻松舒适地获得视频中的信息内容。例如，外交部发言人在例行记者会上回答记者提问的表达形式就是典型的二人对话式。

3. 剧情式

剧情式是指将做事方法、问题解决办法、道理等用短故事剧情展示出来。由这种表达形式表现和传递的内容十分自然连贯，观众的接受度也更高。例如，当离家游子不能赶回家过年时，母亲会牵挂孩子，为表达这种特定情境中的母子亲情，短视频产品可以精心设计人物、故事、对白和旁白，制造一定的悬念和冲突，吸引观众的注意力，让人们在阖家团圆的日子更能感受并珍惜家庭的温暖。这种通过剧情形式展示知识、伦理、道德情怀及人生道理的视频就是剧情式短视频产品。

（四）短视频产品的内容创作原则

短视频产品的创作在一般视频创作的基础上，结合数字化特点，遵循以下几个原则。

有趣原则。短视频平台逐渐成为年轻人的首选。"秒拍"以年轻用户、一二线城市的用户为主，女性用户偏多，这些用户乐于接受新鲜事物，乐于分享身边美好且有趣的事物；"抖音"同样以一二线城市的年轻用户为主，用户的男女比例比较均衡，女性略多于男性；"快手"则表现从一线城市到五六线城市的生活百态，以从田间到广场的热爱分享、喜欢热闹、年轻化的"小镇青年"为主。通过分析这三个主要的短视频平台，我们不难发现，短视频产品以时尚、才艺、新鲜、热闹，尤其是有趣分享为主要内容，追求有趣的灵魂是青年群体的标签。在传递社会价值的同时，个性、有趣也逐渐成了短视频产品的审美标准。在内容为上的视频制作平台中，有创意的、有趣的短视频产品会迅速脱颖而出。

有用原则。短视频产品在发展初期大多是同质化的娱乐内容，而在用户群体理性与感性逐渐回归的过程中，用户对视频内容的要求也逐渐提高。短视频产品的内容成了吸引用户的主要因素，其中的趣味性、丰富性、可获得性（尤指知识的可获得性）和有用性是十分重要的要素，出色的内容制作功能成了用户选择某个短视频平台的重要因素。根据有关数据，在内容偏好方面，有 55.5% 的用户表示喜欢技巧或知识类内容，而生活技巧类和知识分享类短视频产品就体现了有用原则。生活技巧类短视频产品以其实用的特点吸引用户，这类短视频产品能切实帮助用户解决实际生活中的困难，从而让用户有解决问题的快感体验。创作生活技巧类短视频产品往往将实际操作过程作为拍摄的主要内容，用户跟着镜头进行实际操作，进而解决问题。知识分享和传播也是短视频产品吸引用户的关键。越来越多的用户在短视频平台上学习不同领域的专业知识。知识分享类短视频产品如"厚大.罗翔说刑法""无穷小亮的科普日常"等通过自己的专业使学习变得有声有色。知识分享类短视频产品的出现让人们以更低的成本获得更高质量的知识成果。

共鸣原则。用户往往在个人兴趣及对事物的认知方面与创作者的意图产生一致的需求，即因内容而与创作者产生情感共鸣。短视频产品的情感共鸣是指创作者将日常生活中的感受和内心情感结合起来,形成视频表达的核心内容,并将其体现到视频中。用户在观看短视频产品时,能够被这些核心的内容激发出相同的情感。

审美原则。短视频产品能够成为用户审美的对象,激发用户的审美体验。与传统动态影像的审美特征不同,智能时代的短视频产品不再被时间和空间所桎梏,可以打破艺术创造和真实社会场景的限定性,不再拘泥于由符号和行为所建构起来的图像的连续性,可以展现出更具时代意义的审美特征。与传统视频的内容生产和传播方式有所区别,短视频产品的创作过程更便捷,传播过程更具有针对性和时效性,审美标准也不再是相对统一的。但短视频产品在内容和形式等方面要符合用户的审美要求。短视频产品的创作者需要分析用户的需求,在视频中融入主流价值观念。只有不断提升原创短视频产品内容的审美价值,才能充分发挥短视频在文化传播方面的功能。

可信原则。网络时代信息更迭迅速,短视频产品可以促进信息的快速传播,但社会中也存在利用短视频产品宣传虚假信息的事件,这些事件误导了观众对真实性的判断,因此内容的可信性也成了设计和制作短视频产品的关注点。例如,短视频平台的新闻信息多为意见性信息,或突出情感价值的新闻,有着极强的感染力和煽动性,具有一定导向作用,但其内容的可信度有待考证。虽然短视频平台在审核方面比较严格,但是用户在观看短视频产品时仍然要注意甄别。这也要求短视频产品的创作者拒绝传播虚假信息,客观地呈现有价值的真实信息。

二、有声读物产品的特点及设计

(一)有声读物产品

根据第十九次全国国民阅读调查,2021 年,我国有三成以上(32.7%)的成年国民有听书习惯。随着全民阅读的深入全面开展,有声阅读的全场景优势不断凸显，用户量和听书时长不断增加。

从内容来看，有声书大多是对书籍内容的二度创作。从人类历史来看，文字突破口语所受到的时间和空间限制，使人类能够完整地传承智慧和知识，完善教育体系，提高自己的知识水平，发展科学技术，进入文明社会。因此，通过书写的方式将语言物化为文字文本是人与人沟通的一种有效手段，文字在传达信息方面与语言具有同等的地位。随着科学技术的发展，语音也逐渐被存储物化，这让阅读书籍同时具有"听"和"看"两种途径。不管是纸质书还是电子书，人们在面对文字文本时，首先采取"看"的阅读途径。尽管纸质书和电子书的形成和发展不同，但它们都通过文字将语言转化为文本。不管文字的载体是甲骨、竹片、毛皮、纸张，还是电子设备，"看"都是阅读书籍的首要途径，并将继续在文字世界占据首屈一指的地位。有声读物产品虽然基于纸质的文本，但最终呈现给读者的内容却是脱离书籍的独立存在。它被存储为声音形式，通过播放器将书籍内容以"声音"形式传递给读者。因此，所谓阅读有声读物产品，其实是一个"听"的过程。

（二）有声读物产品的特点

有声读物产品作为一种精神文化消费产品，主要的用户有三类。第一类是指文本阅读能力有欠缺的人，此类群体包括老人、儿童和视力障碍人群。第二类是指具有特定空闲时间，但缺乏文本阅读条件的人。第三类则是指有意愿"听"书的普通人。有声读物之所以被大众接受和喜欢，是因为它不仅对环境的要求较低，使书籍更加真实化、电影化，还能让人们解放双手，实现随时随地进行"阅读"。

有声读物产品对环境的要求较低。当读者在读书时，无论是纸质书还是电子书，都对环境的要求较为苛刻，需要考虑光线、噪声及其他人为因素等。只要这些因素干扰了阅读，读者就无法完全沉浸在故事或知识中，从而失去最佳的阅读体验。相对而言，有声读物产品对环境的要求就比较低，只要声音的音量不过高，就不会伤害听力。同时，有声读物产品也在一定程度上让眼睛得到了放松，保护了视力。

有声读物产品使书籍更加真实化、电影化。书籍能潜移默化地改变一个人的情绪，而有声读物产品通过在故事情节中使用语气、语调来调动读者的情绪，让读者产生传统阅读所不能产生的共鸣。当读者"读"到悬疑题材的片段时，会被书中人物对话的语气、语调吸引，会情不自禁地将自己代入书中的角色。此外，有声读物产品还通过道具配音和在重要情节中设置配乐来烘托气氛，使书中的情节更加真实、更加电影化，将书中的故事和知识活灵活现地展示给读者。

有声读物产品可以解放人们的双手，实现随时随地"看书"。在生活节奏越来越快的现代社会，人们的阅读时间逐渐碎片化，有声读物产品只需要通过手机和耳机等便携式设备，就可以让读者随时随地进行"阅读"，解放了读者的双手。例如，网约车司机会在等待订单时听有声读物产品来打发无聊的空闲时间，家庭主妇在家里打扫卫生时也会听有声读物产品，这样既不会耽误一天的安排，也能填补自己的碎片化时间。

（三）有声读物产品的界面设计

有声读物产品的界面设计是对有声读物的操作逻辑和界面美观的设计，目的是让用户操作简单、使用便利。有声读物产品的界面设计和短视频产品的界面设计类似，对人性化有着很高的要求。人性化设计是指符合人的生活习惯、操作习惯、心理思维甚至人体结构等方方面面、以人为中心的设计。

有声读物产品的界面设计与短视频产品的界面设计的不同之处与产品特点的差异有关。短视频产品注重用户用眼睛观看屏幕的感受，因此短视频产品的界面通常都铺满整个屏幕，让用户体验到与整个屏幕进行交互所带来的视觉享受。而有声读物产品注重用户的听觉享受，为了增强用户对所听到"声音"的掌控感，有声读物产品的界面增添了倍速调节按钮和"快进""后退"按钮。

📖 喜马拉雅

喜马拉雅作为典型的有声读物平台，具有雄厚的用户基础。其界面设计在用户之间有较好的口碑，从而吸引了更多的用户下载使用，如图 4-3 所示。喜马拉雅整个界面的背景颜色和专辑封面的颜色保持一致，呈现出一种渐变风格。播放按钮、切换专辑按钮、快进后退按钮的位置与用户所熟悉的音乐播放器 App 的按钮位置一致，符合人们的操作习惯。右滑屏幕即可查看该"声音"的评论，操作十分便捷。有声读物产品播放进度条的右侧有选择倍速选项，符合不同人群的收听速度需求。在有声读物产品界面的最底部依次排列着点赞、收藏、评论图标，图标左边设有评论栏供用户进行实时评论，体现了界面操作的便捷性。

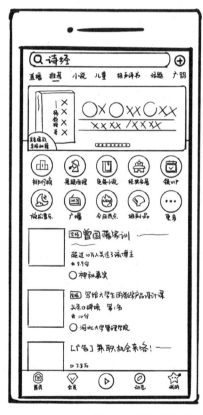

图 4-3　喜马拉雅平台及其有声读物产品的界面

（四）有声读物产品的内容设计

对于有声读物产品的内容设计，我们以有声小说为例进行说明。有声小说的内容有三个主要来源，一是网络文章，主要包括小说和广播剧；二是纸质出版物，以国内外名著、社会百科类图书和经济管理类图书等为主；三是针对儿童群体的绘本，绘本字数不多，且需要配音的时间也比较短。

1. 有声小说及其制作

有声小说是有声读物产品的一个种类，顾名思义就是有声音的小说。有声小说一般由真人配音。伴随智能语音技术的发展，尤其是语音交互和语音识别技术的出现，越来越多的有声小说采用机器配音的方式，这不仅缩短了配音时间，还节省了制作成本。但真人配音具有声情并茂的优点，更能与读者产生情感共鸣，并不会被机器配音完全替代。

由真人主播配音的有声小说的制作环节包括处理画本、主播录制、审听和后期。画本是根据小说原著制作的，处理画本是指把人物的对话用不同的颜色标出来，以区分不同的人物角色，这有利于各个主播录制角色音，否则主播容易串词，从而给后期制作增添麻烦。主播录制是指各个主播给自己负责的角色录制角色音。有声小说最重要的环节就是主播录制，这一环节要求主播以声音为载体，塑造生动的角色，传递真实的情感。有声小说的主播既是内容的接收方，又是内容的生产方。通过主播的演绎，听众的阅读体验才能实现从平面到立体的升级，听众对文本的内容才会有新的体会。同时，与听众的交流互动又会影响主播，进一步丰富内容，实现良性循环。审听和后期是指审核主播配音的错误，构建场景并铺垫音乐和音效，最终形成有声小说成品。

2. 发布声音内容

喜马拉雅是目前较为主流的有声书平台。喜马拉雅平台提供全民朗读模块，内容涉及诗歌、短文、故事，还有趣味配音和有声漫画。

以短文为例，它包括小故事、散文节选、诗歌等。大多数短文只有一百多个字，很多用户用短文朗读来记录生活或表述感想。读短文最需要注意的是朗读节奏和感情。有感情的朗读可以更好地渲染情绪、吸引听众。

背景音乐和音效的选择对朗读者有很大的影响。情感是一切二次创作的核心，而背景音乐则可以调动听众的情绪。对于朗读者来说，音乐能更好地调动自己的朗诵欲望和朗诵专注度。例如，朗读诗歌《雨巷》时，朗读者可以选择钢琴曲《雨的印记》作为配乐，雨滴滴答答的声音可以让朗读者的声音更具感染力。

相关人员在发布声音内容时需要上传声音封面。像音乐唱片一样，选择一张好的声音封面对产品至关重要。封面的作用与文章的标题类似，它是声音内容具象化的展现，是有声读物产品中所体现的思想、理念或氛围的图像化表现，很多时候用户从封面就可以判断出有声读物产品的风格。例如，"极目关注"是由"极目新闻"创办的新闻类有声读物产品，用户从简洁的封面就可以看出此类有声读物产品传递出的专业理念。同时，封面上醒目的文字也体现出它是专门播报新闻资讯的，如图4-4所示。"伊索寓言"的封面传递出它属于儿童类有声读物产品，充满童趣的封面画风展现出"伊索寓言"的创办理念——为儿童展现一个妙趣横生的童话世界，如图4-5所示。

图4-4 "极目关注"封面

图4-5 "伊索寓言"封面

（五）有声读物产品的内容生产方式

有声读物产品的呈现平台分为专门平台和综合平台。专门平台主要是指以有声读物产品为核心的平台，如畅读有声化、喜马拉雅、懒人听书、蜻蜓 FM、企鹅 FM 等；综合平台是指综合的、包含有声读物产品的平台，如小红书、抖音等。无论哪种类型的平台，有声读物产品的内容生产方式主要有四种，即用户生产内容、专业生产内容、专业用户生产内容和机器生产内容。

用户生产内容是指由平台的普通用户生产内容，并通过平台发布。像喜马拉雅这样的平台一方面为普通用户提供表达窗口，另一方面也以庞大的用户基础确保平台内容的广度。

专业生产内容是指在特定领域由具有专业水准的人员在平台生产并发布内容。各类平台都大力吸引专业媒体人才及团队入驻，通过其专业性打造内容，保证优质内容的输出。"央视新闻"在喜马拉雅平台上发布的"早啊！新闻来了"系列坚持每天为用户播报专业的早间新闻，播放量已高达五亿。国家图书馆的移动阅读资源里有不同种类的、制作精良的音频，如评书、中外小说、国学启蒙、中外童话、文学经典等。移动阅读资源是国家图书馆充分发挥数字馆藏服务效能的重要途径，逐渐得到了读者的选择和喜爱。

专业用户生产内容是指由具备一定专业水平的用户生产内容，是喜马拉雅在用户生产内容与专业生产内容上的创新。通过与众多在各自行业具有专业性的人员合作，有声读物产品可兼顾内容的质与量。例如，"虎嗅 App"频道专注于原创、深度、犀利、优质的商业资讯，财经作家吴晓波的"吴晓波频道"提供的内容涵盖财经知识、企业管理、财富增长、职业进阶和人文见识等。

机器生产内容即运用人工智能技术，由机器智能地生产内容。有声读物平台的新闻媒体运用人工智能技术可以更快、更准确地获得新闻线索和新闻素材，并进行语音合成和快速播报，从而提高生产力。

第三节 短视频产品的设计工具

短视频产品的设计制作需要剪辑工具和字幕生成工具。常用的剪辑软件有 Premiere Pro、Final Cut Pro、剪映、爱剪辑和必剪等。常用的字幕生成软件有 Arctime、VideoSrt、讯飞听见和字幕大师等。本书主要介绍剪映专业版、必剪、Premiere Pro 和 Arctime。

一、剪映专业版

剪映专业版是抖音官方推出的电脑端剪辑软件,它的操作既简单又方便。由剪映专业版剪辑出的视频主要流向抖音、西瓜视频、好看视频等视频平台,其主要目的是支持这些视频平台将更多优质的内容呈现给用户。

1. 操作界面

剪映专业版操作的主界面分为四个区域,如图 4-6 所示。

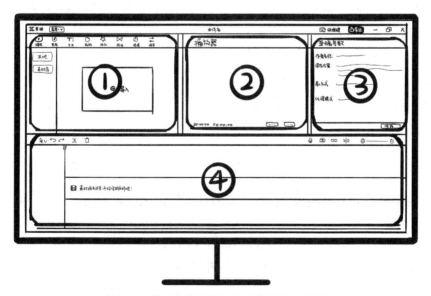

图 4-6 剪映专业版操作主界面的四个区域

①号区域：这个区域主要进行视频素材的切换，同时也是添加文本、贴纸、转场和效果调节等的功能选区，用户单击每一个功能选项就会切换到相应的操作区。

②号区域：这个区域主要是播放器，在视频剪辑过程中起到预览的作用，用户可以在该区域对画幅比例进行自由调整。

③号区域：这个区域可以显示视频的名称、储存位置及导入方式，也可以对①号区域中所选择的功能效果进行参数调整，以获得更好的视频效果。

④号区域：这个区域主要是对视频素材进行详细展示和编辑，并对当前选中的素材进行剪切、删除、卡点等一系列操作。

2.视频编辑

用户将导入的视频素材拖曳至下方时间轴就可以开始编辑视频素材，如图 4-7 所示。

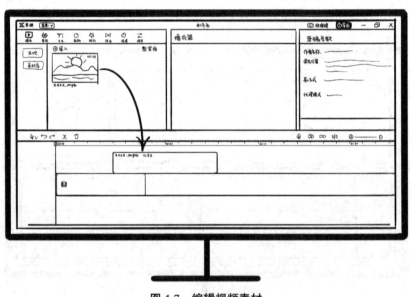

图 4-7　编辑视频素材

当拖曳视频素材后，时间轴上方会显示许多控件，这些控件大多是用

来对所选择的素材进行简单编辑的，素材的种类不同，对应的编辑方式也
有所不同。如图 4-8 所示，从左到右依次是：切换鼠标状态、撤销、恢复、
分割、删除、定格、倒放、镜像、旋转、剪裁、录音、自动吸附、联动、
预览轴和时间轴放大与缩小，具体的功能描述如表 4-1 所示，其他种类素材
的功能都基本类似。

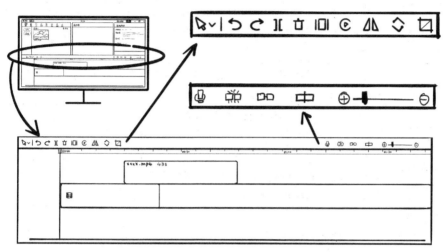

图 4-8　各类控件

表 4-1　各类控件的功能

控件名称	功能
切换鼠标状态	两种状态：一种是鼠标指针状态，用户可以在时间轴中选中或拖曳；一种是分割状态，用户单击视频素材的某一位置就可以直接进行分割
撤销	撤销当前操作，回到上一步
恢复	恢复刚刚撤销的操作。此功能只有在进行撤销后才能使用
分割	选中所需分割的视频素材，在时间指针停留处将视频素材分割，然后自动选中前一段视频素材
删除	删除所选视频素材
定格	在执行"分割"操作后，将前一段视频素材的最后一帧（也就是最后一个画面）延长一段时间，成为静止画面，默认时间为三秒，可以在界面右上角的效果栏中调整时长
倒放	把选中的视频素材进行倒放

177

控件名称	功能
镜像	将选择的视频素材画面进行镜面对称操作
旋转	把选中的视频素材顺时针旋转 90°
剪裁	剪裁选中的视频素材
录音	给选中的视频素材录制音频，时间线所指的位置即是开始位置
自动吸附	打开自动吸附，在拖动视频素材进行排列时，两段视频素材会在距离较近的时候像磁铁一样严丝合缝地吸在一起，视频之间没有间隙，不会出现视频衔接不连续的情况
联动	打开联动，视频素材和其中添加的字母文本可以被捆绑起来一起移动，以便调节视频素材的顺序
预览轴	打开预览轴，将指针放在视频素材的任意位置，播放器就会显示该位置的视频预览，否则播放器就会显示时间轴所滑到位置的视频预览
时间轴放大与缩小	如果视频素材过长，一直拖曳时间轴并不方便，那么减小时间轴的相对长度会把视频素材的相对长度变短。当然，如果视频素材太短、不便于编辑，用户可以适当调大时间轴的相对长度

此外，在时间轴中选中素材后也有许多功能可供选择，如隐藏片段、替换片段、创建组合、解除组合和分离音频。隐藏片段是指将选中的视频素材进行隐藏；替换片段是指将选中的视频素材替换为其他素材；创建组合是指选中两个或两个以上的视频素材，将它们组合在一起，在后期编辑期间可以将它们作为一体进行拖动，与"联动"功能类似；解除组合是指解除该视频素材所在的组合；分离音频是指将选中的视频素材中的自带音频分离出来，以便编辑视频。

用户要想对视频素材的效果进行控制，要先在时间轴上选中要更改的视频素材，然后观察操作界面的右上角出现的五个选项。"画面"选项主要对播放器中的画面进行修改。"画面"选项一共有四个功能，分别是基础、抠像、蒙版和调节，如图 4-9 所示。基础功能可以调整视频的位置与大小，还可以对人物进行美颜。其他三个功能也可以让视频效果更好，我们在此不做过多陈述。

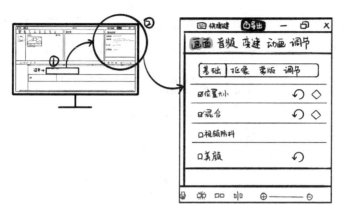

图 4-9 "画面"选项

"变速"选项可以调整视频的播放速度，如图 4-10 所示。例如，原视频的播放速度是 1 倍速，帧速率为 30fps（画面每秒传输帧数）；如果将播放速度改成 2 倍速，帧速率就会变成 60fps。而如果把帧速率调整到 15fps，就意味着每两帧就要舍弃一帧以满足 15fps 的帧速率要求，视频就会出现掉帧情况，尤其是在拍摄运动画面的时候，会明显出现人物动作不连贯的情况，所以用户在调整视频播放速率的时候一定要注意参数的取舍。"变速"选项还有"声音变调"功能，开启这个功能后，后期背景音乐的声调就会改变。

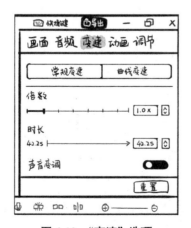

图 4-10 "变速"选项

"动画"选项是为了消除单个视频出现或消失带给观众的突兀感，使整个视频的画面更加流畅，如图 4-11 所示。"动画"分为入场动画、出场动画和组合动画。入场动画是指视频出现时的动画，出场动画是指视频消失时的动画，组合动画则兼顾前两者。动画时长可以控制动画效果的持续时间。

图 4-11 "动画"选项

"调节"选项是指对视频中不同的照片参数进行调节，如图 4-12 所示。用户可以调节色调、色温、对比度等参数。

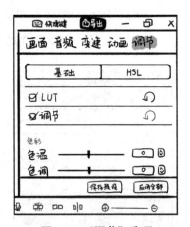

图 4-12 "调节"选项

"音频"选项中的插入音频是指如果用户想要添加软件自带的背景音乐，可以直接选择喜欢的音乐素材或音效素材，将素材拖曳至时间轴。如果用户想要添加抖音收藏的音乐，可以登录自己的抖音账号，同步抖音账号中所收藏的音乐素材；或者通过音频提取的方法将其他视频的背景音乐提取出来使用。

　　音频踩点主要针对节拍感强的音乐，把音乐的节拍和视频的切换"踩到一个点上"使它们相得益彰。剪映专业版提供两种踩点方法：手动踩点和自动踩点（仅针对音乐素材里的"卡点"类音乐）。手动踩点需要视频剪辑者听着音乐的节拍自己踩点，如图 4-13 所示。视频剪辑者首先选中要踩点的音乐素材，时间轴上方的"小旗子"标志就是手动踩点的选项，单击"小旗子"标志后，就会在当前时间指针停留的音频位置处留下黄色的点，后期视频的转场和衔接就可以此点为参考。手动踩点要求用户边听背景音乐边踩点，有一定的难度，需要用户多加练习。

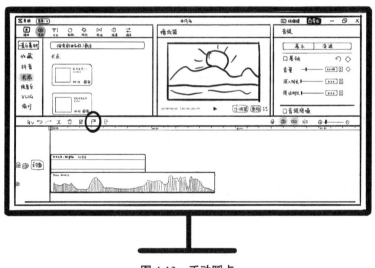

图 4-13　手动踩点

　　如果想删除踩好的点，视频剪辑者首先要选中已经踩好点的音频，将时间指针拖动到想要删除的点上，在点变大的时候删除即可。单击时间轴上方有减号的"小旗子"标志代表仅删除当前选中的一个点，单击有"×"号的"小旗子"标志代表把当前所选音频的所有点删除，如图 4-14 所示。

　　自动踩点仅适用于"卡点"类音乐，视频剪辑者选择音乐素材中的"卡点"类音乐，将其拖到时间轴中，选中音乐，当下方有"AI"角标的"小旗子"标志亮的时候就说明音频可以自动踩点。

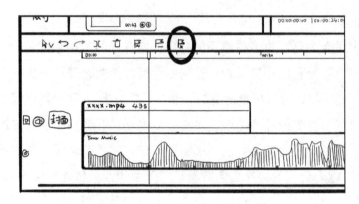

图 4-14　删除音乐踩点

音频素材的时长是可以被调整的。在音频素材的两端分别有五个灰色密集的圆点，长按灰色密集圆点并沿时间轴拖曳就可以调整音频素材的时长，如图 4-15 所示。

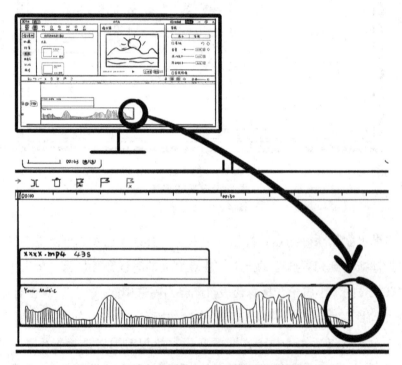

图 4-15　长按灰色圆点左右拖曳即可调整音频时长

针对所添加的音频素材，视频剪辑者可以在界面右上角的区域对其进行基础调整，如图 4-16 所示。视频剪辑者可以调节音频在视频中淡入和淡出的时长，音量的大小，还可以将音频素材中的人声调成萝莉声、大叔声等。除了这些基础调整，视频剪辑者还能将音频素材单独进行变速处理。

图 4-16　音频素材的基础调整

添加文本、贴纸、特效和转场的操作原理基本相似。如图 4-17 所示，如果想添加文本，用户首先选择界面左上方的"新建文本"选项，挑选适合视频的字体样式。这时文本会出现在播放器中央以供用户预览，此时文本还没有被添加到视频中，长按选择的文字效果，将其拖曳到时间轴后，文本才被添加。在界面右端的"文本"选项中的文本框中输入文字，可以选择字体、填充颜色，以及调整文本的不透明度。

如果想要调整视频中文本的大小，用户需要先单击时间轴中棕色的文本素材选中文本，然后拖曳播放器中文本框四角的锚点。如果想要调整视频中文本的位置，用户可以直接长按播放器中的文本，将其拖曳到想要的位置。

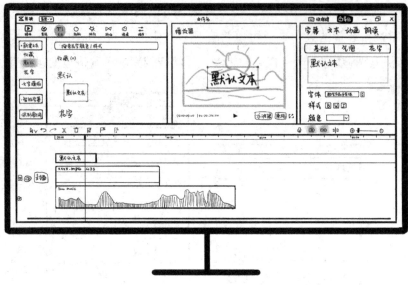

图 4-17 添加文本

拖曳自己喜爱的转场效果到时间轴上两个视频连接的部分即可添加转场效果。有时转场时长过短，起不到平滑连接两个视频的效果，用户可以在右上角的效果控制栏中调整转场时长，如图 4-18 所示。

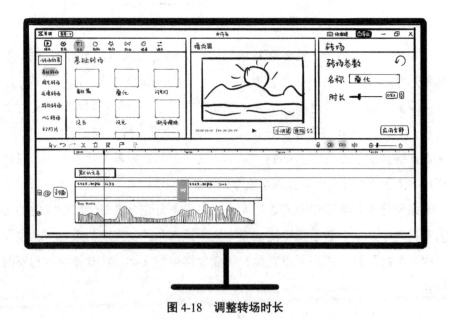

图 4-18 调整转场时长

导出视频有三种方式，分别是单击窗口左上角的菜单—文件—导出，单击窗口右上角的"导出"按钮导出，以及使用快捷键"Ctrl+E"导出。

导出时会弹出一个导出窗口，如图4-19所示。此窗口会要求用户对产品名称、所在位置及视频分辨率和码率等进行修改。视频的分辨率、码率和帧率越高，视频的真实度就越高，视频文件也就越大；视频的编码格式不同，使用的解码器就不同，所以建议使用播放设备拥有的编码格式。

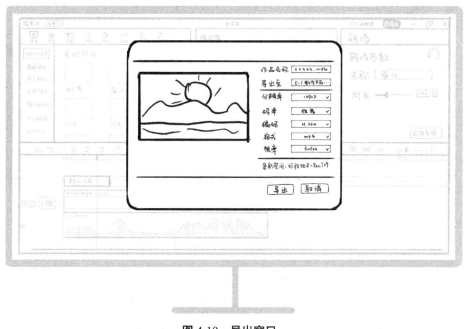

图 4-19　导出窗口

二、必剪

必剪是针对哔哩哔哩用户出品的剪辑视频工具。必剪与其他软件相比有自己的特色功能，带给哔哩哔哩用户便捷的操作体验。

必剪的素材库十分丰富，如图4-20所示。必剪内有哔哩哔哩热梗素材库，用户可以直接在软件内找到自己喜欢的素材；必剪还有多种类型的音频素材库，热门音乐和主流的短视频音乐应有尽有。文本模板库里的花字模板和贴纸库里的表情包贴纸都可以被用户直接套用。必剪内的特效模板、转场模板和滤镜也非常丰富。

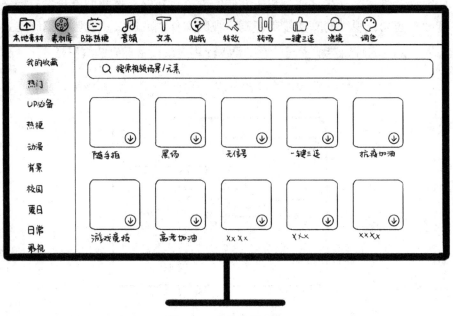

图 4-20　必剪的素材库

必剪支持用鼠标的滚轮滑动来控制整个时间轴的滑动。而其他的剪辑软件没有时间轴滑动的功能，只能通过拖动光标来实现滑动。在电脑端使用剪辑软件时，用鼠标滚动时间轴功能可极大地提升剪辑效率。

必剪具备"一键三连"功能，如图 4-21 所示。这是哔哩哔哩特有的功能，用户长按点赞图标可以同时点赞投币并收藏该视频。作为哔哩哔哩出品的桌面版剪辑软件，必剪有插入"一键三连"动画的功能，用户可以直接单击视频中的动画进行互动，这给用户带来了极大的便利，也增加了视频的互动趣味性。

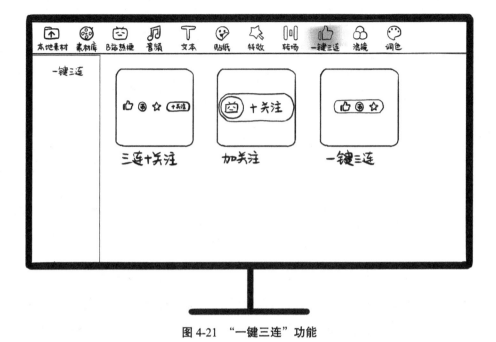

图 4-21　"一键三连"功能

　　用户剪辑完视频后可以直接投稿发布视频。当用户在必剪登录了哔哩哔哩的账号后，就能直接把剪辑好的视频发布到自己的账号上，而不需要再打开哔哩哔哩的网页或 App，从剪辑视频到发布视频都可以在必剪内实现。

三、Premiere Pro

　　Premiere Pro 是由 Adobe 公司开发的一个视频编辑软件，它是视频编辑爱好者和专业人士必不可少的视频编辑工具。它可以提升用户的创作能力和创作自由度，能满足用户创作高质量产品的要求。

　　对于 Premiere Pro 而言，在新建项目之后，视频剪辑者通过鼠标左键双击"导入媒体以开始"字样的空白处，就可以导入需要剪辑的视频素材，如图 4-22 所示。

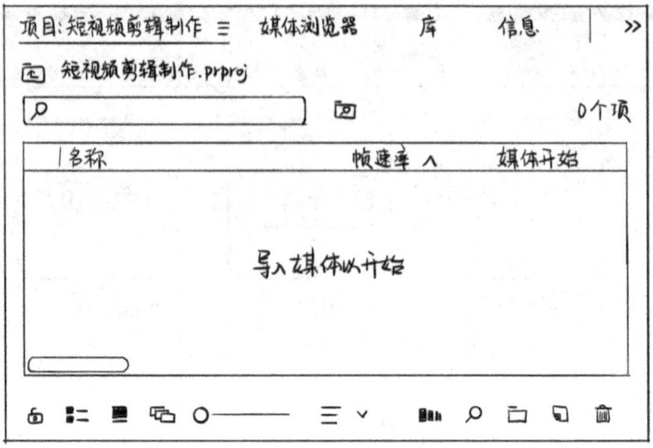

项目:短视频剪辑制作 ☰　媒体浏览器　库　信息　≫

短视频剪辑制作.prproj

0个项

| 名称 | 帧速率 ∧ | 媒体开始 |

导入媒体以开始

图 4-22　导入视频素材

"导入媒体以开始"的右侧有"在此处放下媒体以创建序列"字样。视频剪辑者通过鼠标左键按住已导入的视频素材,将其拖入"在此处放下媒体以创建序列"的空白处,可以创建一个序列。

如图 4-23 所示,在时间轴上浏览视频素材时,视频剪辑者首先要找到需要剪辑的位置,即剪辑点,按住软件中的快捷键 C("剃刀工具"指令),在所选视频素材的指定位置进行分割,再按快捷键 V(选择工具)就可以撤销"剃刀工具"指令,从而选择片段,最后通过鼠标右键单击某片段,选择"清除"即可删除对应片段。剪辑功能可以删除视频素材中无用的片段。选择合适的剪辑点对视频剪辑工作至关重要,剪辑点是指视频核心情绪的处理点,是体现视频信息的关键点之一。

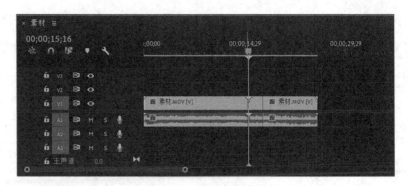

图 4-23　编辑操作示意

　　视频剪辑者剪辑好视频后，如果想要导出并存储视频，可以在最上方的工具栏中单击"文件"，然后单击"导出"和"媒体"，"导出设置"就会出现，如图 4-24 所示。在"导出设置"中，用户可以选择"H.264"格式，然后单击"输出名称"修改视频的名称和存储位置，最后单击最下方的"导出"即可。

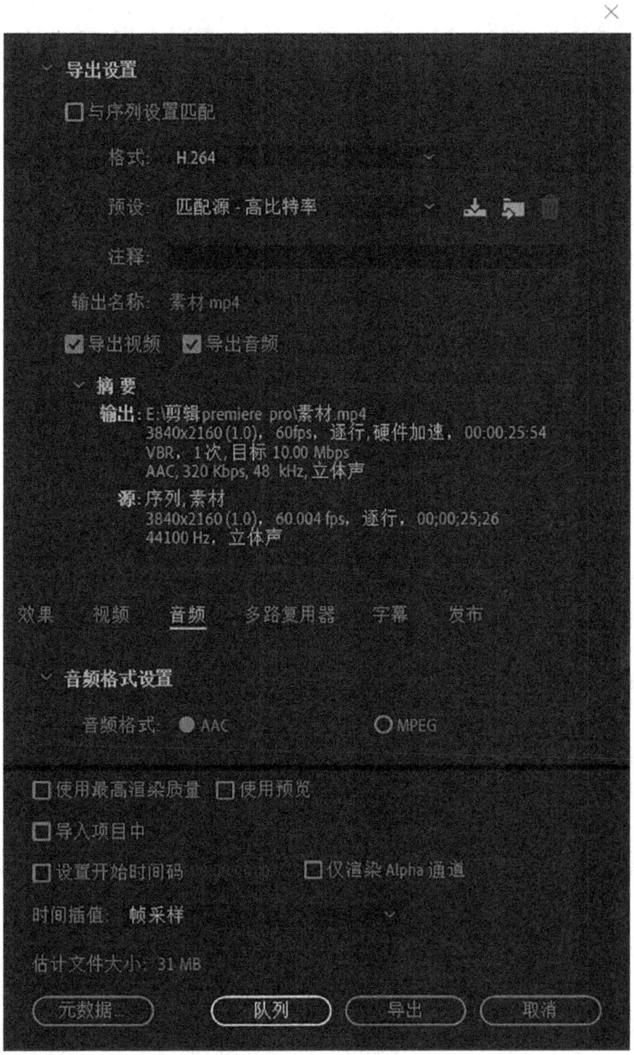

图 4-24　导出设置

四、Arctime

Arctime 是一个跨平台字幕制作软件，用于制作视频字幕。在这个软件中，用户只要导入视频，软件就可以根据视频中的语音自动生成字幕和时间轴。这个软件的优点是准确率高，用户只需要进行少量的校对即可完稿，可大大节省时间。

在给视频配字幕时，用户首先用 Premiere Pro 输出黑屏的纯人声视频，随后用 Arctime 配字幕后输出字幕视频，最后到 Premiere Pro 里合成输出成片。

使用 Arctime 配字幕时，用户首先打开 Arctime 导入纯人声视频，将台词内容粘贴在 Arctime 界面的右侧文字栏里；然后单击软件右下方的工具栏中的快速拖曳创建工具，拖动进度条，台词会被自动插入进度条；接着在界面右侧单击"样式管理"，双击打开字幕样式编辑，可以改变字幕样式。调整完字幕样式后，如果用户直接预览，视频是没有变化的；如果用户想要导出视频，可以单击界面左上方的"文件"，选择保存并生成字幕，调整完相关内容后就可以导出带有字幕的视频了。

·思考题·

1. 举出 1～2 个剧情式短视频产品的例子，解释该产品如何用故事形式来表达主题思想。

2. 在有声读物产品与短视频产品的界面设计中，除了视觉享受与听觉享受的不同，是否还有其他不同？请详细说明。

第五章

数字叙事及数字
叙事产品

故事是人类过往所见所知的升华和总结，也是人类对特定事件的憧憬与想象。故事广泛存在于人类历史的源流中，对人类历史和文化记忆的传承有着极其重要的作用。因此，如何讲故事已成为人文科学领域研究的一个重点。随着时代和技术的发展，以图像、音视频等数字技术为媒介的新型叙事理论和叙事方法逐渐兴起，数字叙事是其中的重要产物，很多典型的数字叙事产品随之诞生。

第一节　数字叙事概述

一、数字叙事与互动数字叙事

数字叙事也被称为数字媒介叙事、数字故事等，是指数字技术与叙事的交汇，即通过音频、视频、互联网等数字技术去叙述事件的起因、经过和结果等全过程。数字叙事是传统叙事发展到信息时代的新的表现形式，被视为古代叙事艺术的现代延伸。数字叙事是一个相对比较广泛的概念，不仅包括使用各种计算机和网络技术创建的叙事实践（基于网络的叙事、超文本叙事、互动叙事和叙事游戏等），还包括一般的影视制作，甚至商业或非营利性的广告都可以被称为数字叙事。

数字技术是人类文明创造的工具，而叙事是人脑的记忆与幻想的再加工，二者统一于人类的机体中，成了 20 世纪人机交互的重要事件。数字技术的使用是数字时代的标志，从人类迈入数字时代以来，数字技术就贯穿于人类生活与实践的方方面面，自然也贯穿于人类特有的叙事活动。

数字叙事的概念于 1986 年由布伦达·劳雷尔（Brenda Laurel）首次提出，泛指基于计算机和互联网的叙事行为。围绕数字叙事的研究和实践主要涉及两个领域，即数字叙事与互动数字叙事。尽管后者在名称上像是数字叙事的下位概念，但二者在起源、发展和关注点等方面存在差异，研究和实践的内容也有所不同。与传统叙事一样，数字叙事也要求用户被动地接收故事信息，而互动数字叙事着重突出互动二字，并给予用户主动参与叙事活动的空间。在叙事的环节中，创作者（或讲述者）与用户进行交流与互动，甚至设置选项让用户自行选择，并由此形成不同的结局。简单来说，区别二者的直接方法是数字产品是否重视交互的内容，但随着技术的发展，人们逐渐用数字叙事对二者进行统称。

二、数字叙事的发展

数字叙事实践的先驱者有丹拿·阿奇利（Dana Atchley）、乔伊·兰伯特（Joe Lambert）和丹尼尔·梅铎思（Daniel Meadows）等人。他们于 1994 年共同创建了旧金山数字媒体中心（后搬至伯克利，更名为数字叙事中心）。该中心为当地人提供培训课程，制作数字故事。作为数字叙事的开创者和引领者，他们提出数字叙事的七要素，为之后的数字故事创作提供了最基本的指导。

其实早在电子游戏、互动影视风靡全球之前，甚至在纸张出现之前，人类的祖先就曾参与过叙事的体验。当结束了一天的打猎和耕作劳动，先民们围在篝火前互相诉说当日的见闻与神秘的幻想，这便是最早期的叙事活动。20 世纪 60 年代以后，人类逐渐步入信息社会，数字技术与互动叙事也逐渐交融。20 世纪 90 年代，互动数字叙事在艺术与互动媒体领域开始蓬勃发展。哈姆特·寇安尼兹（Hartmut Koenitz）将互动数字叙事的历史分为三条轨迹，即基于文本的互动数字叙事、从互动电影到互动表演和带有叙事的电子游戏，如图 5-1 所示。

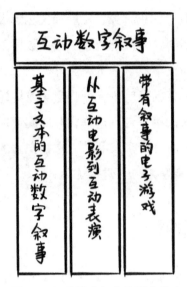

图 5-1　互动数字叙事的历史轨迹

（一）基于文本的互动数字叙事

基于文本的互动数字叙事是互动数字叙事历史的第一条轨迹。这条轨迹可以追溯到 20 世纪 60 年代的早期叙事程式，并延伸到 20 世纪 70 年代末的互动小说游戏及 20 世纪 90 年代的超文本小说，如图 5-2 所示。

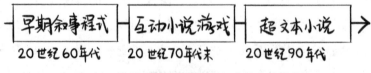

图 5-2　基于文本的互动数字叙事的产品轨迹

第一类基于文本的互动数字叙事产品是 1966 年由约瑟夫·维森鲍姆（Joseph Weizenbaum）开发的 ELIZA。ELIZA（见图 5-3）是使用早期自然语言处理技术、模式匹配技术和人工智能技术的电脑程序，运行 DOCTOR 脚本，旨在模仿非定向心理治疗师在最初的精神病学采访中的反应。它通过采用简单、有效的解析和模式匹配技术来响应用户的文本输入。例如，ELIZA 用"很抱歉听到你情绪低落"来回答"我大部分时间都很沮丧"这

194

样的句子。ELIZA"说出"令人惊讶的对话是计算机作为表达性叙事媒介的重要里程碑。

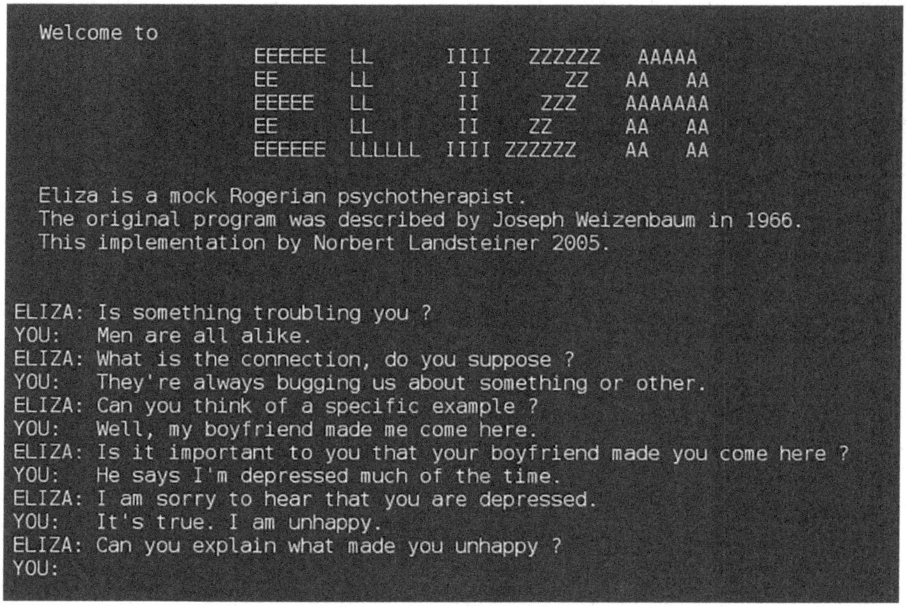

```
Welcome to
                EEEEEE  LL      IIII  ZZZZZZ  AAAAA
                EE      LL      II       ZZ   AA  AA
                EEEEE   LL      II      ZZZ   AAAAAAA
                EE      LL      II     ZZ     AA  AA
                EEEEEE  LLLLLL  IIII  ZZZZZZ  AA  AA

Eliza is a mock Rogerian psychotherapist.
The original program was described by Joseph Weizenbaum in 1966.
This implementation by Norbert Landsteiner 2005.


ELIZA: Is something troubling you ?
YOU:   Men are all alike.
ELIZA: What is the connection, do you suppose ?
YOU:   They're always bugging us about something or other.
ELIZA: Can you think of a specific example ?
YOU:   Well, my boyfriend made me come here.
ELIZA: Is it important to you that your boyfriend made you come here ?
YOU:   He says I'm depressed much of the time.
ELIZA: I am sorry to hear that you are depressed.
YOU:   It's true. I am unhappy.
ELIZA: Can you explain what made you unhappy ?
YOU:
```

图 5-3　ELIZA

　　第二类基于文本的互动数字叙事产品是互动小说游戏。互动小说是指作者使用电脑软件创作的、让读者参与其中的故事，如设置不同编号的网页或段落作为不同的叙事路径供读者选择。互动小说游戏则是基于互动小说创作的数字游戏，其开端是 1976 年发布的《巨洞冒险》（*Colossal Cave Adventure*）（见图 5-4）。它是一个基于文本的冒险游戏。玩家在其中探索神秘的、充满宝藏和黄金的洞穴。在游戏的过程中，玩家通过输入一个或两个单词的命令，在洞穴系统中移动角色或与洞穴中的物体互动，最后寻得宝藏并离开洞穴。该程序充当叙述者，向玩家描述他们在洞穴中的位置及操作的结果。如果程序不理解玩家的命令，会要求玩家重新键入操作，该程序的回答通常采用幽默的语气。

```
.run adven

WELCOME TO ADVENTURE!!  WOULD YOU LIKE INSTRUCTIONS?

yes

SOMEWHERE NEARBY IS COLOSSAL CAVE, WHERE OTHERS HAVE FOUND FORTUNES IN
TREASURE AND GOLD, THOUGH IT IS RUMORED THAT SOME WHO ENTER ARE NEVER
SEEN AGAIN.  MAGIC IS SAID TO WORK IN THE CAVE.  I WILL BE YOUR EYES
AND HANDS.  DIRECT ME WITH COMMANDS OF 1 OR 2 WORDS.  I SHOULD WARN
YOU THAT I LOOK AT ONLY THE FIRST FIVE LETTERS OF EACH WORD, SO YOU'LL
HAVE TO ENTER "NORTHEAST" AS "NE" TO DISTINGUISH IT FROM "NORTH".
(SHOULD YOU GET STUCK, TYPE "HELP" FOR SOME GENERAL HINTS.  FOR INFOR-
MATION ON HOW TO END YOUR ADVENTURE, ETC., TYPE "INFO".)
                        - -
THIS PROGRAM WAS ORIGINALLY DEVELOPED BY WILLIE CROWTHER.  MOST OF THE
FEATURES OF THE CURRENT PROGRAM WERE ADDED BY DON WOODS (DON @ SU-AI).
CONTACT DON IF YOU HAVE ANY QUESTIONS, COMMENTS, ETC.

YOU ARE STANDING AT THE END OF A ROAD BEFORE A SMALL BRICK BUILDING.
AROUND YOU IS A FOREST.  A SMALL STREAM FLOWS OUT OF THE BUILDING AND
DOWN A GULLY.

east
YOU ARE INSIDE A BUILDING, A WELL HOUSE FOR A LARGE SPRING.

THERE ARE SOME KEYS ON THE GROUND HERE.

THERE IS A SHINY BRASS LAMP NEARBY.

THERE IS FOOD HERE.
```

图 5-4 《巨洞冒险》游戏截图

第三类基于文本的互动数字叙事产品是风靡 20 世纪 90 年代的超文本小说。超文本小说也被称为超链接小说，是美国先锋小说界提出的概念，是指由文字、图片、影音片断及多路径进入的结构组成的电子文本。同传统的印刷小说文本相比，超文本小说事实上已超出了文学范畴，成为一种集文学、视觉艺术、音乐、电子媒体和互联网于一体的新媒体艺术。超文本小说最早的产品是迈克尔·乔伊斯（Michael Joyce）创作的《下午，一个故事》（*Afternoon，A Story*）。这部超文本小说主要讲述一个名叫彼得的刚刚离婚的男人，在某天下午目睹了一场车祸，接着他怀疑在车祸中出事的是他的前妻与孩子们。全书设计了 900 多个链接，读者可以选择其中任何一个链接进入小说，由此获得不尽相同的故事情节和叙事文本。

超文本小说是基于电子媒体与互联网技术创作的产品，伴随着互联网技术的发展，其内容与表现形式不断被丰富。1992 年前后，专门的超文本小说写作班开始成立，麻省理工学院还开设了"交互式与非线性小说"课程。越来越多的超文本小说论坛成立，优秀的超文本小说产品被制成光盘发行。这类产品的商业价值开始凸显，并被越来越多的用户接受。

（二）从互动电影到互动表演

互动数字叙事历史的第二条轨迹是从互动电影到互动表演（见图 5-5）。这条轨迹上的产品融合了视频、音频和表演的因素，体现为从互动电影到互动电视，再到互动表演等实验艺术表演形式。

图 5-5　从互动电影到互动表演

互动电影是指结合了电影体验和交互性的产品或实验的统称。第一部互动电影产品是捷克影片《自动电影：一个男人和他的房子》（*Kinoautomat: One Man and His House*）。这部电影是一部黑色喜剧，以闪回开场，电影中一个人的公寓着火了，无论观众做出什么样的选择，最终的结果都是建筑被燃烧。在电影中有九个情节节点，每当情节被推进到这些节点时，电影便会暂停，主持人出现在舞台上并要求观众在两个场景中做出选择，在观众投票后，主持人播放所选场景。

互动电视是指在电视中播放的表演产品，其形式与互动电影类似。1991 年 12 月，一部名为《杀人的决定》的德国电视惊悚片开始播放。与传统的电视剧不同，它在两个电视频道从两个不同的角度同时讲述一个事件，两个频道所播放的产品的开头都相同，都有同样的场景，但其中一个产品以女人视角叙事，另一个产品以男人视角叙事，重要的信息会同时出现在两个频道上，防止观众因切换频道而失去线索。

2013 年，《清明型附身》（*Lucid Possessions*）的故事正式出现在舞台上。它是互动表演产品的代表，混合了数字动画的实时舞台表演形式，在舞台上结合演员、音乐人、机器人、定制计算机硬件、实时动作跟踪技术等元素和技术讲述了一个光怪陆离的当代鬼故事。

（三）带有叙事的电子游戏

互动数字叙事历史的第三条轨迹是带有叙事的电子游戏。在第一条轨迹即基于文本的互动数字叙事产品中就有互动小说游戏这一类型的产品，这类产品融合了文本与游戏两种元素。得益于技术的发展与人类需求的推动，游戏产品也由早期的图形类型演变为现在的各种类型。在游戏的发展过程中，人们不仅追求游戏玩法的多样性，也希望赋予游戏产品更充实的世界观与剧情内容。

带有叙事的最早的电子游戏是图形冒险类游戏（Graphic Adventure Games）。1984 年发布的游戏《国王密使》（*King's Quest*）是该系列的先驱。在数字叙事与游戏的结合中，比较成功的产品是《猴岛》（*Monkey Island*）系列游戏。在该游戏中，玩家扮演一个无能的海盗，要面临诸多的困难与挑战，如向海盗组织证明自己的英勇及获取爱人的芳心等。游戏的叙事内容丰富、脉络清晰，诙谐幽默的风格与解密的内容让无数的玩家为之欢呼。《猴岛》系列游戏将解谜玩法与叙事发展进行平衡处理，为此后的游戏设计树立了典范。1993 年的《神秘岛》（*Myst*）在冒险探索与解谜的主体玩法中也融入了丰富的叙事内容。

进入 21 世纪，各种类型的游戏层出不穷，而且它们都拥有独具特色的玩法与丰富的剧情。游戏大奖（The Game Awards，TGA）是游戏界的年度盛典，被誉为"游戏界的奥斯卡"，其中获奖的游戏有很多，如《塞尔达传说：荒野之息》（2017 年 TGA 最佳游戏）、《战神 4》（2018 年 TGA 最佳游戏）、《最后生还者 2》（2020 年 TGA 最佳游戏和最佳叙事游戏）和《漫威银河护卫队》（2021 年 TGA 最佳叙事游戏）等。技术的进步推动了游戏的进步，完美的游戏同样离不开令人共情的叙事内容，在虚拟现实、增强现实甚至元宇宙概念的影响下，游戏产品的叙事内容与方法会更丰富多彩，每一个产品都将成为一次伟大的实践，闪烁着人类智慧的光芒。TGA 年度最佳游戏和年度最佳叙事游戏如表 5-1 所示。

表 5-1　TGA 年度最佳游戏和年度最佳叙事游戏

TGA 年度最佳游戏	TGA 年度最佳叙事游戏	年度
《疯狂橄榄球 2004》	—	2003
《侠盗猎车手：圣安地列斯》	—	2004
《生化危机 4》	—	2005
《上古卷轴 4：湮灭》	—	2006
《生化奇兵》	—	2007
《侠盗猎车手 4》	—	2008
《神秘海域 2：纵横四海》	—	2009
《荒野大镖客：救赎》	—	2010
《上古卷轴 5：天际》	—	2011
《行尸走肉》	—	2012
《侠盗猎车手 5》	—	2013
《龙腾世纪 3：审判》	《勇敢的心：世界大战》	2014
《巫师 3：狂猎》	《她的故事》	2015
《守望先锋》	《神秘海域 4：盗贼末路》	2016
《塞尔达传说：荒野之息》	《艾迪芬奇的记忆》	2017
《战神 4》	《荒野大镖客：救赎 2》	2018
《只狼：影逝二度》	《极乐迪斯科》	2019
《最后生还者 2》	《最后生还者 2》	2020
《双人成行》	《漫威银河护卫队》	2021

三、数字叙事的特点与要素

（一）数字叙事的特点

1. 通用性

数字叙事的通用性体现在为普通人提供了创作并向多数人分享产品的

可能。在早期的叙事实践中，一般都是小说家、电影导演等人员将自己创作的产品分享给社会大众。而如今，数字技术和社交平台几乎已经在公众中普及，普通人也拥有创作数字叙事产品并在网络平台进行发布的能力，而且这种方式不需要太高超的技术水平和太多的资金支持。这种分享数字叙事产品的行为促使虚拟空间中有着共同兴趣爱好和价值观的社群形成，并帮助人们在其中收获快乐和友谊。

2. 动态性

动态变化是数字叙事的主要特点。数字叙事产品的内容归根结底是知识与信息，动态性是信息的特点之一。与传统的口头传播与文字传播相比，多感官刺激的数字叙事更容易被人们接受。数字叙事产品被人们接受后，人们对它的传播欲望要比传播纯粹的信息更强烈，传播方式也更多样，优质的数字叙事产品在数字平台上得到迅速传播，呈现出动态化的特点。

3. 灵活性与非线性

数字叙事的灵活性表现为在创作过程中可以以比较灵活的方式将信息内容纳入产品，而情节、叙述方式等都可以在不更改信息内容的前提下根据用户群体的变化而调整。同时，数字叙事可以利用数字技术与数字媒体将传统的线性叙事扩展到非线性叙事。

非线性叙事，亦称脱节叙事或中断叙事，是一种常见的叙事技术或叙事结构，在叙事活动中偶尔被用在文学、电影与超文本小说中。在传统认知中，常规的叙事活动一般遵循一定的规律，如时间顺序、空间顺序和因果顺序等，严格按照"开端—发展—高潮—结尾"的线性叙事方式，缺少一个环节都不是一项完整的叙事活动。非线性叙事并不是数字叙事的专属，一些小说也采用了这种叙事方式，如《呼啸山庄》《尤利西斯》和《跳房子》。与线性叙事相比，非线性叙事跳出了时间或空间等的逻辑，以多样化、反传统的方式参与叙事行为，具体表现为"倒叙""插叙""穿插回忆"等。在数字叙事中，数字技术赋予了叙事活动更广袤的天地，使其叙事技巧更复杂多样，如"非线性""复线（双线、并线、多线）结构""戏中戏"

及"主题并置"等。

4. 交互性

交互性是基于计算机的使用而出现的，常见于信息科学、计算机科学、人机交互与通信等领域。交互性一方面表现为数字叙事产品的讲述者与受众的交互，如通过音乐、图像等与受众的多个感官进行联系，增强其叙事体验；另一方面表现为受众与数字叙事产品本身的交互。数字叙事发展到今日已经不单单是传达讲述者信息与知识的技巧和工具，而成了一个数字叙事产品，用户在拥有数字叙事产品后通过数字设备（如显示器、鼠标和游戏手柄等）与数字系统或其他用户进行交互以获得用户体验。

（二）数字叙事的要素

丹拿·阿奇利等人提出的数字叙事七要素论，为人们创作数字叙事产品提供了基本的理论支持。

1. 观点

创作数字叙事产品强调观点和作者本人视角的相互结合。作者要通过数字叙事产品将个人观点传达给观众，这是数字叙事存在的根本原因，也是数字叙事的灵魂与意义所在。以电影为例，一部电影的创作除了呈现完整的故事线，价值观或主题也很重要，常见的主题有个人英雄主义、反战与和平、对爱情与美好的憧憬等。李安指导的《比利·林恩的中场战事》讲述了 19 岁的美国大兵比利·林恩从伊拉克战场凯旋成为国民英雄后被邀请参加感恩节橄榄球比赛的故事，电影用插叙的方式将和平的比赛与激烈的战场交织起来，以比赛当天的时间变化为脉络讲述主角的心理活动变化。即便万千荣耀加身，主角内心的抑郁与挣扎也不能被掩盖，战争无疑成了他一生难以磨灭的痛。该影片自始至终充斥着一种压抑的氛围，导演用偏沉重的色调与背景音乐将观众的情感置入影片故事的走向，表达出对战争的憎恶与对和平的渴望。反战与和平就是这部影片的核心主题。

2. 印象深刻的问题

数字叙事产品一般围绕一个核心问题，而叙事内容的展开则要回答这个问题。数字叙事通常以核心问题开始，在故事叙述中根据创作者的个人经验设置情节起伏和故事高潮，故事的最后往往会对问题进行批判性的反思。

纪录片《大国崛起》讲述了葡萄牙、西班牙、荷兰、英国、法国、德国、日本、俄罗斯、美国九个国家相继崛起的过程，总结了国家崛起的历史规律。它的创作主要围绕一个问题，即世界性大国崛起背后的原因，分别诠释各个大国五百年的兴起史，为中国的现代化发展寻找镜鉴，旨在"让历史照亮行程"。

3. 情绪

在数字叙事产品中，最能够打动观众的往往是创作者的情绪。创作者用配乐、图像、色彩变化等技术表达故事主人公的心理活动与情绪变化。观众是否沉浸在数字叙事产品中，在一定程度上取决于其情感内容是否丰富。戏剧性的问题和情感内容是向观众传达信息的两个重要因素。在决定产品的情感内容时，创作者应该考虑观众的特征。

4. 亲自讲故事

对于讲述者和观众同样重要的一点是讲述者自己的声音。讲述者可以用真实的声音和语气与观众进行互动，以传达信息和感受，以及故事中的情感内容。对于现在的数字叙事实践，将讲述者的声音融入产品已然成了一种常态，代表性的产品有广播剧、有声读物、视频游戏及纪录片等影音产品，当观众（听众）在观看（聆听）这些产品时，耳边萦绕着拥有恰当节奏与饱满情绪的讲述者的声音，这种声音将观众置于一副多姿多彩的画卷前或一个"切实存在"的故事空间中，会增强故事的真实感，并给予观众非凡的沉浸感与叙事体验，同时能更直观、有效地将讲述者的意图等信息传达给观众，激发观众的认同感，以达到特定的目的。以央视科普节目《人与自然》为例，大多数观众都难以忘却赵忠祥的声音。他醇厚且充满魅力的噪音，将电视机前观众的思绪引领到人类社会难以触及的大自然中，使人们仿佛"亲临"了世界上各式各样的原始景观，亲手揭开了人类传统认知之外的神秘面纱。

5. 配乐的力量

配乐通常是数字叙事很重要的一个环节。现代媒体技术使数字叙事的配乐简单化，创作者可以使用音乐或其他音效来丰富产品内容，增强产品的力量。《心灵奇旅》以探求生命真谛和寻找生活意义为主题创作故事，选用两种不同的配乐。爵士乐被用在现实生活中，表现嘈杂、真实而忙碌的纽约生活，也表达了未达愿望时的无奈生活；电子乐被用在"生之来处"，表现其空灵、抽象、思维与幻想的徜徉，以及模糊的情绪，使观众仿佛步入心灵世界，探索心灵的彼岸。《心灵奇旅》的背景音乐与插曲被设置得十分巧妙，正因为有了音乐，观众才真切地用心去感受这个故事，探索自己的内心。

配乐除了可以装饰数字叙事产品，还有以下三个作用。第一，配乐帮助维系数字叙事产品的整体性，例如，它可以完成产品中不同部分的转换，即情节、场景和情感的切换可以由配乐来完成，以免观众在这个过程中感到突兀。第二，配乐引导观众关注重要的信息或情节点，例如，创作者会在重要的情节点配以适当的音乐，以吸引观众的注意力。第三，配乐可以帮助揭示创作者的主观意图与情感倾向，也可以影响观众对某个事件的态度，甚至干预并说服观众改变态度。配乐在数字叙事中的地位并非只是附属，有时候它的存在甚至比产品本身更有说服力。《故宫的记忆》是日本NHK电视台创作的视频画集《故宫至宝》的配乐之一。该配乐总体上恢宏大气，其主旋律参考中国古代传统皇家配乐模式，即缶、鼓、编钟的打击"交响乐"，同时在曲段切换的过程中使用西方电子乐器，二者的结合形成一种"时空穿梭"之感，再加上片中的陶瓷器、书画等艺术品，将观众的思绪引至明朝的"永乐盛世"。在叙事意义上，该配乐用恢宏激昂的音调展现盛世中华的气度，用低沉悠扬的笛声诉说政权更迭期间文物的颠沛流离，切实准确地把握了中国古典乐的精神与故宫纪录片的专题气氛。

6. 精简

数字叙事的精简表现为在创作数字叙事产品的过程中尽可能叙述主干情节而非过多的旁枝细节，合理安排时间与空间，在不影响产品主线的前提下安排有关的细节与支线，丰富产品的内涵。另外，在产品的界面或版面的设置上，数字叙事会摒除无用的堆砌内容，给人以简洁清晰的视觉观感。

7. 掌握节奏

创作者除了要考虑产品的长度与内容，还要让产品有呼吸和停顿的空间，尤其是在情节转折处。节奏，就是有规律的快慢变化。产品的情节，声音的音色、音调、响度，画面的色彩明暗与形状变化，都应具有一定的节拍，而且这种节拍都应该契合产品情节的内容与进程。简单来说，数字叙事通过节奏维持观众的兴趣，以及决定在哪里暂停、加速、减速或停止。

四、数字叙事的应用

（一）教育领域

1. 中小学教育

常言道："寓教于乐。"数字叙事可以作为娱乐与学习相结合的教学方式，激发学生的学习兴趣，发散学生的思维，增强学生的记忆能力，为枯燥的学习过程增加乐趣。

在中小学教育中，老师用数字技术创作故事替代传统叙述方式来进行教学。老师将教学内容呈现在数字媒体上，制作出关于人物、历史事件的课件或视频，让学生以多种感官的形式汲取知识。此外，数字叙事也被用在课后作业或"第二课堂"中，让学生使用数字技术创作出符合要求的作业成果，如制作关于小说简述或有趣经历的视频。

数字叙事产品的创作过程是一项积极主动的探索与实践过程，要求学生同时具有良好的认知能力、概括能力、复述能力、沟通能力、想象能力与动手能力。学生以小组为单位进行数字叙事产品的创作，大致需要经过确立主题——分工安排——素材选择——产品创作——分组汇报／成果提交五个阶段，每个阶段都需要组员进行深入的沟通与交流。数字叙事产品创作中的难点是数字素材的撷取与数字技术的使用，这要求学生预先掌握或自学某项数字技术与技能，如视频拍摄、剪辑、配乐等。

2. 高等教育

数字叙事不仅是有趣的教学方式，也是新兴的专业领域，在诸如传播与创意等领域，已经有很多高校开展数字叙事教学。历史学、社会学、商学、图书情报、社区规划、医学等多个领域也在使用数字叙事，数字新闻、数字人文甚至数字叙事等专业应运而生。俄亥俄州立大学、悉尼大学等已经开设了数字叙事讲习班，休斯敦大学面向全球开展了大规模在线开放课程"强大的教学工具：数字叙事"，更注重培养学生的数字与视觉素养，以及协作创作和技术等实践能力。

与传统学科或专业相比，数字叙事更像一门技术，在数字叙事教学设置中，实践课程往往多于理论内容。历史学用数字技术展现历史发展脉络、人物传记或具体事件，社会学展现社会结构的变迁，民俗学则表达传统节日与习俗等。从学科看来，数字叙事不仅适用于人文社会学科，同样适用于自然学科，如展现物种的进化、地理的变迁、疾病的变化和技术的沿革等。当前社会对数字人才的要求不仅限于理论，技术也成了就业的重要标准，数字叙事恰好可以成为理论与技术的结合体。

（二）社会公共领域

1. 图书馆

图书馆是社会信息、文化与知识的记忆贮存与扩散装置。早在 3000 多年前，人类历史上就出现了类似图书馆功能的机构，其职能有保存人类文化遗产、开发信息资源、参与社会教育等。随着人类步入数字社会，不论是文化遗产的保存、信息资源的开发，还是社会教育的开展都离不开数字技术，在浩如烟海的信息与知识中，图书馆必须寻求更为有效且合适的技术来更好地开展数字资源建设与知识服务，数字叙事的出现正逢其时。图书馆可以利用音频、视频等数字素材将某本或某类图书的知识用数字化的形式生动地展现出来，提供数字叙事化知识服务，促使其读者通过数字叙事提供的互动，更积极主动地获取知识、利用知识。

数字叙事在图书馆建设、阅读推广、文化产业及社会记忆与文化遗产保护等方面可以发挥很好的作用。图书馆的基础服务（如公共目录）可以通过数字技术将原来单一呈现的目录变成立体呈现的资源，同时在公共目录首页通过叙事逻辑展现一个又一个的主题目录或专题资源。对于图书馆的核心服务，即图书馆藏书而言，那些公众感兴趣的版权豁免的文学和历史图书可以被二次创作成数字叙事产品，如以故事形式进行阅读推广与营销，甚至直接将其创作成数字产品如画册、绘本、视频等呈现给读者，为其提供特定的"阅读"服务。

数字叙事也帮助图书馆更好地保护人类文化遗产与公共记忆，甚至参与社会治理与服务。美国圣地亚哥公共图书馆曾在 2006 年创立了一个名为"数字叙事站"的项目，并在圣地亚哥媒体艺术中心的帮助下开展数字叙事创作与放映活动。数字叙事站的产品内容涵盖了多个主题，如二战期间的历史故事、爱与宽恕的主题故事、当地重要节日的故事、美洲原住民历史的故事、其他各国移民的故事，以及更多关于当地居民、社区和历史记忆的各种主题的故事等。

总之，数字叙事的应用可以促进图书馆与其他机构和个人的沟通。图书馆收集当地有趣的故事与历史信息并创作出各种各样的数字叙事产品，这些产品不仅作为一种新的教育、服务与体验方式向当地乃至其他地区的人们宣传和展示本地区深厚的历史文化积淀，更以数字化的形式为当地历史记录的保存做出贡献。

2. 博物馆、档案馆

博物馆与档案馆同样也是社会的"记忆装置"，但与图书馆不同的是，博物馆与档案馆承载的更多是历史留存的记忆素材即实物或原始档案，这些内容显然更能对公众进行记忆唤醒与教化。

公众对博物馆和档案馆的需求也不再满足于馆藏文物的参观和档案的借阅，而是希望二者能够提供基于互动和个人体验的知识与信息服务。采用数字叙事对馆藏文物和档案进行处理，把人、事、物、行为、场景等加以组织并赋予故事内容，让文物与档案"叙述"自己的故事，可以将公众"带"至千百年前。

其实数字叙事也早就被用在博物馆中。2008 年，英国约克郡的 11 家博物馆启动数字叙事项目"我的约克郡"，该项目由博物馆和社区合作，通过使用历史口述录音和档案照片，从个人角度解释当地历史。中国国家博物馆、南京博物馆和敦煌莫高窟等也都充分利用数字叙事进行博物馆藏品推送等服务。例如，"二维码"自助导览功能可以帮助游客获取文物的故事，以及每件文物的质地、尺寸、纹饰、研究现状、照片、视频等多种信息资料，大大地丰富了游客的见闻和观览体验。

在档案馆中，数字叙事可以在数字档案建设、档案信息资源开发等方面提供帮助。例如，档案馆可以使用地图、文字、图像、音视频等素材和数字技术创作讲述历史人物的生平和重大事件的数字叙事产品。这种数字化的方式不仅以一种更直观的方式"重塑"历史的面貌，还能有效地帮助公众获取真实的过往信息；这种数字化的方式也有利于档案信息的保存与管理，为建设"数字档案馆"提供助力。

3. 科技馆

科技馆是又一类公益性教育机构，通过常设展览和短期展览，运用参与、体验、互动性的展品及辅助性展示手段，以激发科学兴趣、启迪科学观念为目的，对公众进行科普教育。与图书馆、档案馆和博物馆等机构相比，科技馆本身就拥有充分的数字技术支持，但是在叙事方面略显不足。

将数字叙事应用在科技馆与科普活动的第一步就是故事的创作。例如，用故事形式描述人类科技历史的发展沿革、科学家的生平、科学理论的发现、科技产品的创作过程，并以数字化形式如互动电子书、增强现实、虚拟现实或动画等形式将其表现出来，逐渐成为科普的主要方式。中国科学技术大学基于自主研发的交互式非线性视频播放器，以及使用延迟摄影和高速摄影等技术记录的科学素材，创作了数字化互动科普产品《坐着时间去飞行》。其通过技术创新突破了传统科普展示的局限性，用户可以在互动的模式下非线性地观察和体验自然及科学过程细节的变化，最终获得更好的认知效果。

4. 社会公共卫生与医疗服务

数字叙事同样被用于社会公共卫生和医疗服务等领域。1999年，艾米·希尔（Amy Hill）指导的名为"沉默的话语"的项目首次将数字叙事的应用扩展到了社会公共卫生领域。该项目通过数字叙事讲述了斗争、勇气与转变，为推进全世界性别平等、健康等积极地做出努力。此后，美国疾病控制与预防中心等组织在美国多个州利用数字叙事开展暴力预防工作、药物滥用预防和社区心理健康的公共运动等活动。

叙事医学是指在临床实务、研究及教育中将患者的叙事作为诊断和帮助痊愈的方式。它旨在解决身体疾病的同时，应对患者在人际关系和心理层面出现的问题。叙事医学中的故事，不仅包括患者的故事，还鼓励医生和护理人员创作个人的故事以应用在医学和护理学教学、交流，以及患者治疗、康复等方面。数字叙事医学是叙事医学领域新的实践方式，即基于心理学、医学和叙事医学等理论，使用数字技术对患者和医护人员的故事进行多媒体呈现，以达到医学教育、帮助患者治疗和康复的目的。数字叙事在医疗领域的应用一般是使用数字叙事产品对患者进行干预，包括以讲故事、电影等形式分散患者注意力，缓解患者的消极情绪，帮助患者重拾生活信心并积极参与治疗，甚至作为一种数字疗法直接对患者的精神与心理疾病进行治疗等。丹·夏皮洛（Dan Shapiro）在2006—2008年期间曾邀请了多位来自亚利桑那大学的医学生与患有严重慢性病的病人，让两到三名学生与患者组成一组，要求他们在此后八个月的时间里用摄像机等工具记录患者的日常生活故事。学生们将每个患者的故事剪辑成 7 ~ 10 分钟的视频短片，并在加上音乐、标题和过渡后将所有短片拼接起来，创作了长达 26.6 小时的电影，然后将其用在教学中。学生们通过电影知晓了患者的身体如何随着时间和治疗而发生变化，不仅通过观察了解和学习了治疗与护理的方法，更通过真实影像感知到患者的痛苦。将患者的故事用数字方式呈现，并配以音乐等其他内容，所形成的共情效果比单纯地听患者讲述故事更具有冲击力。

此外，也有医生将数字叙事视为一种疗法。凯瑟琳·莱恩（Catherine Laing）在加拿大卡尔加里大学开展了一个探讨数字叙事能否及如何治疗儿童和青少年癌症的项目，邀请了 16 位患癌的受访者，教授他们制作数字叙事产品。这些数字叙事产品清晰地表达出患者患病的历程和心理活动，对抚平他们心中的创伤有着非常积极的效果。

数字叙事还作为一种干预的手段被用在预防疾病和自杀中。美国明尼苏达州用移民和难民听得懂的语言（方式）创作了一系列数字叙事产品，帮助他们预防糖尿病。产品通过视频等形式生动地描绘了糖尿病的形成过程、得病之后的痛苦形象，以及预防糖尿病的具体措施，这种数字叙事干预手段从情感入手，让普通人沉浸在产品中进而接受创作者带有某种目的的信息。与传统口述或文字方式相比，数字叙事干预手段更多样，更灵活，传播的范围更广，渠道更多，自然能获得更多的收益。

（三）商业领域

1. 公司与商业推广

数字叙事在商业领域的应用主要是作为用户生产内容的工具。伊利诺伊大学香槟分校的研究认为公司可以利用消费者对产品或服务的评论创作一系列的数字叙事产品，进而对产品或服务进行品牌推广。当然，广告是更直接的形式，公司可以创建符合品牌价值与产品用途的故事，将产品的优势与卖点融入故事，并以大众易于接受的形式创作数字叙事产品，完成营销工作。

此外，数字时代的商业活动更加复杂，处于发展初期的公司在进行融资或招聘时，公司经营者与人力资源部门可以通过数字叙事创作推广公司的产品，直观地向意向投资者和人才表达公司的发展历程、愿景，推销自身的想法，完成公司推广。

2. 文化产业

文化产业同样也有数字叙事的身影。常见的类型有游戏、电子绘本、动漫、音乐与视频创作等。21 世纪以来，我国诞生了许多优秀的带有叙事内容的数字化文创产品，这体现了我国丰厚的文化底蕴与文化力量。不仅如此，数字叙事对文化遗产的保护也有积极的意义，将我国的优秀传统文化、历史故事和其他素材进行融合与数字化创作，是当前文化创意领域孜孜不倦的追求。

（四）新闻领域

新闻是记录社会、传播信息、反映时代的一种文体。进入数字社会以来，新闻的表现形式与媒介都发生了巨大的变化，如从文字转变为音视频，从纸张转变为计算机和移动端屏幕。不论发生哪种变化，新闻的本质依然是由"新闻六要素"组成的。新闻六要素包括时间、地点、人物，事件的起因、经过、结果，即"5W1H"——Who（何人）、What（何事）、When（何时）、Where（何地）、Why（何因）、How（如何）。显然，这些同样是叙事的要素，因此将数字叙事广泛用在新闻中也是情理之中的事。

数字新闻有很多的创新，例如，将互动与沉浸式音频、360°视频与摄影、网络摄像、3D 技术、虚拟现实和增强现实等数字技术应用在新闻领域，通过互动和视觉技术寻求沉浸感，促进用户在叙事中的积极作用及探索故事空间的感官体验，这种形式被命名为沉浸式新闻。

　　《重现弗洛伊德死后的明尼阿波利斯 7 日抗议》获得了 2021 年世界新闻摄影比赛多媒体评选单元——数字叙事比赛（Digital Storytelling Contest）年度交互多媒体奖。该产品结合了文字、图像和视频等新闻素材，史无前例地使用了用户生产的内容，据此创作了 147 个视频新闻，并按照时间线和地点进行二维排列，全面概述了弗洛伊德死后 7 日内明尼阿波利斯的"反对霸权和种族歧视"的抗议活动，成了国际社会了解"弗洛伊德事件"的有效档案和资料。在互动新闻的呈现界面，作者在左右两侧均设置了一条时间轴（见图 5-6），其中左侧为实际时刻，右侧为 7 天中某一天的时间轴。新闻主要以视频方式呈现，作者创意性地按照时间（横轴）和地点（纵轴）的形式将这些视频进行排列，同时用简短的文字说明了当时的情形。观众不仅可以点击视频观看某一时间具体地点的场景，还可以了解同一时间其他地点的情况，最大限度地了解事件的全貌。

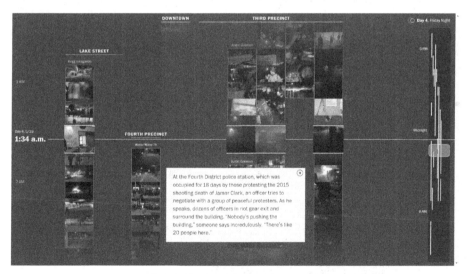

图 5-6　重现弗洛伊德死后的明尼阿波利斯 7 日抗议（节选）

第二节 数字叙事产品

数字叙事产品是指带有叙事内容的数字产品。广义的数字叙事产品包括音频、视频、文本等各种带有叙事内容的数字产品，狭义的数字叙事产品是指带有互动性特征的数字叙事产品，即互动数字叙事产品。

一、数字叙事产品的类型

（一）音频类数字叙事产品

音频类数字叙事产品是指以音频这一数字技术和媒介来进行故事叙述的产品，具体包括叙事性音乐、评书、有声小说等。一般而言，音乐可以用歌词、节奏、节拍，音色、音响，调式、调性，和声等诸多元素表达或诉说创作者欲表现的内容，其作用与价值以抒情为主，但是在众多的音乐产品中，也不乏许多叙事性内容的存在。用音乐语言描述客观自然现象和社会变化规律，能够更好地引起人们的联想、通感、共鸣，激发人们的内心感受，是对人类文化的一种最好的诠释。常见的音频类数字叙事产品有广播剧、有声读物、评书等，由喜马拉雅出品，根据刘慈欣同名小说改编的科幻题材广播剧《三体》就是典型的数字叙事产品。该产品不仅呈现演员真实的声音，创作者也选用比较贴切的音效来表达动作、场景和环境的变化，这对听众来说是独一无二的、阅读文字时不能拥有的感受。

（二）视频和表演类数字叙事产品

视频和表演类数字叙事产品通常包括电影、电视剧、动漫、纪录片、新闻、短视频等，以及舞台戏剧、话剧、音乐剧等，分为带有互动性的数字叙事产品与不带互动性的数字叙事产品。传统的电影、电视剧、舞台剧等与观众的互动并不明显，但随着越来越多的创作者以寻求用户体验为目的，在视频创作的过程中增加了与用户互动的功能，带有互动性的数字叙事产品便应运而生，其中比较有代表性的产品就是互动影视。

互动影视，顾名思义是能够实现互动的影视产品。"互动"是指影视产品与观众相互作用、相互影响的过程。互动影视在传统影视的基础上添加与观众互动的成分，使观众能够参与影视产品的数字叙事。互动影视本身所具有的互动性与电子游戏的基本特征颇为相似，观众的不同选择导致不同结局的剧情发展设计也和电子游戏的情节模式相仿。因此，互动影视也可被理解为"影视与游戏的跨媒介融合"。从叙事和技术的角度来看，互动影视是一种以表演为基本，融合了多种数字技巧与叙事方法的混合类型产品。基于计算机动画技术、虚拟现实技术、增强现实技术、人工智能技术及互动终端技术等科技的发展运用，互动影视在叙事结构方面也在传统的线性叙事方式的基础上，大量采用多线性、非线性的叙事方式。

近年来，国内外都掀起了影视内容"互动化"的风潮。2018 年年末，奈飞（Netflix）公司的互动式电影《黑镜：潘达斯奈基》一上映，就点燃了爱好科幻题材的观众的激情。影片讲述了一位年轻的程序员将一部奇幻小说改编为游戏，很快现实和虚拟世界就混合在一起的故事。影片在故事叙述的过程中设置了多个选项或节点，观众通过选择不同的路径可以展开不同的故事线，甚至到达不同的结局。类似的产品还有《古董局中局之佛头起源》和《隐形守护者》等。

（三）文本类数字叙事产品

文本类数字叙事产品包括互动小说游戏、超文本小说等。互动小说游戏是在数字环境中成长起来的第一种叙事文本类型，是文本与游戏的混合形式，它的本质是互动者同计算机程序的文本对话，互动者化身为故事世界的一个人物，以文字方式键入人物行动，如移动、取物和攻击等，计算机程序则描述化身的行动是否可行及虚拟世界相应的情景或后果。《巨洞冒险》就是典型的互动小说，以人机文本对话为主，节选如下，其中">"表示互动者的输入。

欢迎来到 Adventure（冒险）！

在路的尽头

在路的尽头，你站在一座小砖房前。周围是森林。一座小溪顺着沟渠从砖房流出。

> 进入房子

房内

你在房中一眼有泉水的水井旁。

地上有几把钥匙。

这里有食物。

附近有一个闪亮的铜油灯。

有个空瓶。

> 拿灯

拿到了。

早期的互动小说游戏几乎都由文本组成，鲜少出现图形、图像，互动过程是互动者通过键盘进行文本输入。后来随着鼠标的出现，用户通过点击进行互动，这促进了一系列互动小说游戏的诞生。

另外一种文本类数字叙事产品是超文本小说。计算机图形界面日益强大的表征能力使互动小说游戏日渐式微，到 20 世纪 90 年代，互动小说游戏被超文本小说取代。但是超文本小说有点过于追求用户互动的自由，缺乏统一、连贯的情节，也缺少一定的戏剧冲突，最终未能形成更大规模的影响。

（四）游戏类数字叙事产品

游戏类数字叙事产品是指带有叙事内容的游戏产品，是数字叙事产品的一个重要类型。早期文本类数字叙事产品就已经有了游戏的元素，若将其中的文本更换为图形、动画、视频等，便产生了早期的电子游戏。游戏设计者将叙事内容（剧情、游戏背景）置于游戏的框架中来增加互动性，增强用户体验。游戏类数字叙事产品的常见类型如下。

1. 角色扮演类游戏

此类游戏是指玩家扮演游戏角色进行游戏操作，以推动剧情的发展，代表产品有《最终幻想》《上古卷轴》《仙剑奇侠传》等。

2. 冒险与解谜类游戏

冒险游戏与解谜游戏原本是两种游戏类型，由于二者具有共同的益智解谜元素，人们便将二者归为一类。冒险与解谜类游戏是指玩家控制角色在游戏世界进行冒险，通过完成任务和解谜展开故事情节，这类游戏在故事情节的推动过程中比较重视玩家的互动，如任务道具的拾取、支线任务的完成及解谜环节的操作等。这类游戏与角色扮演类游戏有一定的共通之处，但是前者比较注重冒险与解谜的元素。著名的游戏有《纪念碑谷》《塞尔达传说》《原神》等。

3. 模拟类游戏

模拟类游戏是指试图通过模拟现实场景以达到不同生活体验目的的游戏，仿真是模拟类游戏的核心。模拟类游戏包括模拟经营类游戏、养成类游戏、模拟赛车和飞行类游戏等，代表产品有《模拟城市》《模拟人生》《中国式家长》等。

4. 策略类游戏

这类游戏提供给玩家思考问题和处理复杂事情的环境，允许玩家自由控制、管理和使用游戏中的人或事物，允许玩家通过自由手段来实现游戏目标。策略类游戏一般分为两种回合制（Two Turn-based Game）和即时战略类（Real-Time Strategy Game）。代表产品有《文明》《三国志》《命令与征服：红色警戒》《全面战争》等。

目前，游戏设计力求剧情更有吸引力、玩法更多样、与玩家的互动性更强，故而在策划的过程中不再拘泥于游戏类型的限制，而是采用更先进的数字技术来完成游戏产品。

二、数字叙事产品的创作

简单来说，数字叙事产品的创作过程包括故事创作、叙述方式、互动设置与后期制作等方面。

（一）故事创作

故事是数字叙事产品的灵魂，若没有一个完整的故事，数字叙事产品的创作就变得毫无意义。故事有三个特点，第一，故事是一个有机的整体，其内部各部分相互制约和依存；第二，故事具有一定的转换规律，内部各要素之间遵循一定的联结规律；第三，故事独立于它所使用的叙事媒介与技巧，可以从一种媒介转移到另一种媒介，从一种语言转换为另一种语言，这也意味着故事要先于媒介选择与叙述方式而存在。一个完整的故事创作过程包括以下内容。

1. 情节

一个好的故事一定离不开情节的编排，情节创作的具体内容如下。

（1）明确功能与序列

叙事从低到高一般包括三个层次，即最低层功能、中间层序列和顶层情节。若要创作出引人入胜的情节，故事功能与序列的确定是必不可少的。

功能的意思是人物的动作或行动，其本身没有任何意义，它的意义依赖存在的情节。例如，"王力给了杜辰一把钥匙"就是一项功能，以指示"给钥匙"这样的动作或行动。而王力给杜辰这把钥匙的目的是让他去开门，还是让他去送给别人，我们需要根据情节与上下文动作（功能）的关系来判断。

故事或情节中存在许多功能，引导情节向预定的方向发展的功能被称为核心功能。例如，《水浒传》中林冲火并王伦的行动就是核心功能，它为梁山的兴旺奠定了基础。如果没有这样的关键性动作，《水浒传》的故事可能朝着其他方向发展，或变成另一个故事。在这个核心功能出现的同时，吴用假意拉住林冲，阮小二、阮小五、阮小七分别拉住杜迁、宋万和朱贵等则属于非核心功能（附属功能），它们的存在是为了完善或充实情节。对附属功能的修改或增补不会影响整个情节或故事的发展，故而在故事创作中，我们要明确核心功能与附属功能的作用，用核心功能联结故事情节，用附属功能充实故事框架。

序列是功能的上一层，是由功能组成的具有时间与逻辑关系的叙事语句。序列有基本序列和复杂序列。基本序列有三个功能，它们分别与起因（包括潜在的）、经过与结果相适应，如遇到困难（起因）——想办法解决（经过）——解决困难（结果），这三个具有关联的功能就构成了一项基本序列，基本序列是情节的最简单框架。

情节在"起因——经过——结果"基本序列之外，还有复杂序列，复杂序列是将不同的序列以不同的方式结合起来，典型的序列结合方式有三种。

第一种是链状，即一个序列的结尾是另一个序列的开头。在《红楼梦》中，林黛玉母亲去世（开端）——林黛玉进贾府（经过）——林黛玉与贾宝玉相见（结果），这一序列的最后一个功能（结果）又成了下一个序列的第一个功能（开端）：林黛玉与贾宝玉相见（开端）——林黛玉与贾宝玉相知（经过）——林黛玉与贾宝玉相恋（结果）。

第二种是嵌入式，即将另外一个序列插入本序列，使之成为本序列的说明、对比和细节等。嵌入式序列往往可以激发新的情节，让情节更丰富、更曲折。在《红楼梦》中，嵌入贾宝玉在太虚幻境中闻"群芳髓"之香，品"千红一窟"茶，饮"万艳同杯"酒，在薄命司中看到金陵十二钗判词的种种经历，既具有伏笔的暗示作用，又增添了梦幻旖旎之美，最终形成《红楼梦》特有的双重叙事特色。嵌入式序列越多，情节越丰富。

第三种是并列式或平行式，即同一层次的序列借助相似点作平行连接，并列式序列具有增加信息标志性功能、增加故事深度和丰满主题的作用。《三国演义》以魏蜀吴等多方势力的发展沿革作为线索进行叙事，就每个势力本身的兴衰变化而言，它们各自之间存在一定的并列序列，其相似点就是共同的社会背景和目标（统一天下）。

处在中间层的序列通常不能被称为真正意义的故事（当然，部分故事是由单个序列组成的），它被加工后才能成为情节，然后被联结为故事。因此，故事的创作必然要经过功能——序列——情节——故事一系列的整合过程，如图 5-7 所示。

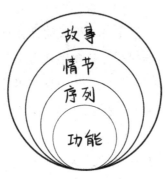

图 5-7　故事创作的整合过程

（2）情节的组织原则

情节的组织原则是指将序列组合成情节的规律，主要有两个，即承续原则与理念原则。

承续原则是指按照逻辑顺序进行序列组合，包括时间连接、因果连接和空间连接。时间连接是指按照时间发展顺序组合序列，一般有顺时与并时两种组合方式。顺时是指按故事时间的先后顺序进行排列，时间轴是单一的，一般用来叙述某一个故事或某一个人物。并时是指将同时发生的多个事件有序地连接起来，这种方式主要适用于多个人物同时发生多个事件，在叙述时选择逐一叙述，用连贯的方式列出每一个故事；也可以选择交叉叙述，即在某一个事件的叙述未完成时穿插叙述同时发生的其他事件。因果连接，顾名思义是指将序列按照因果关系进行连接形成情节。俗话说"有因必有果"，但实际上并非所有的因皆有果，一个序列后必定发生的（真实的结果）、可能发生的（可能的结果或幻想的结果）和不会发生的序列均属于因果连接。空间连接是指将序列按照空间关系或位置进行连接或组合，一般按照事物的空间位置进行排列，如按照街道——门口——

院子——大厅——卧室这样的顺序设计故事情节。空间连接也可以对某几个场景进行反复、循环、对照、交错，以完成特定的叙事脉络，甚至可以以人物的意识活动作为支点对心理空间进行组合，从而构建出人物的意识世界。

理念原则是指序列的语义排列原则，包括否定连接、实现连接和中心句连接。否定连接的意思是将序列向对立面过渡。否定连接可能是从顺境进入逆境，如从"家富人宁"到"家破人亡"（《红楼梦》）；也可能是从逆境转入顺境。实现连接是指序列朝着既定目标前进，与"制订计划——实现计划"的关系类似。中心句连接的意思是所有情节的展开都围绕着核心序列，而核心序列的中心句是整个故事的纲，类似于建筑物的支撑点。

尽管数字叙事与传统文字叙事在创作方式和表现形式等方面有非常大的差异，但创作数字叙事的故事仍然需要提前进行文字形式（剧本）的创作，同样按照功能——序列——情节——故事的原则依次展开，并根据实际需要对故事进行修改。

（3）情节的类型

情节包括线性情节与非线性情节。传统叙事作品或早期的数字叙事产品大多数是线性的，即故事发展的脉络按照某一条或几条线展开。线性情节又分为单线情节、复线情节等类型。单线情节顾名思义只有单一线索，因减少了其他的细枝末节，形成的故事大多都情节紧凑、人物有限、结构简单。复线情节是在单线情节的基础上列出其他的故事发展脉络。当然，多个脉络同样有主次之分，即分为一条主线和多条辅线，《红楼梦》《三国演义》等都是复线作品。

非线性情节的基本特征是打乱时间顺序与因果关系。非线性情节没有特别明显的分类，倒叙、插叙、多时空叙事等都被归为非线性情节。数字技术的引入大大扩展了故事的表现形式，也使情节类型或叙事手法呈现百花齐放的态势，非线性情节成了数字叙事的主流。互动游戏《隐形守护者》的故事表现形式打破了从开端到结局的传统模式，转而采用了一种"树状"

的故事架构，即在关键情节点设置一些会导致不同剧情走向的选项，用户沉浸式地扮演主角"肖途"，依据自己的倾向进行选择，每一次的选择都会产生不同的结局。

2.人物设定

人物是所有故事的基础。艺术源于生活，人物设定的目的就是让人物现实化，让观众感受到人物是"实实在在"存在的。人物设定一般涉及人物特征和人物行动两个方面。

（1）人物特征

不论是传统叙事作品，还是数字叙事产品，都需要对主要人物的形象特征进行刻画，突出重点，以使故事变得完整、真实与合理。

从故事创作角度来看，人物一般分为扁形人物与圆形人物。扁形人物即单一性格的人物，圆形人物是拥有相对复杂性格的人物。作为故事的主要人物，扁形人物显然无法满足真实性与合理性的需求（即便有艺术化的加持），因此，如果要对主要人物进行刻画，创作者通常会将其塑造成圆形人物，并对其多种性格特征进行有重点的描绘。例如，《三国演义》中的关羽就是被塑造得非常成功的圆形人物。他最突出的特征是义勇刚正，不论是温酒斩华雄，还是千里走单骑，都是为了着重突出这一特征，但是关羽也有许多明显的缺点，如恃才傲物、刚愎自用等。正是这种多特征的"悲剧型"人物特点，才使无数观众为关羽的死亡痛心疾首，从这一点来看，关羽的人物刻画是极其成功的。

（2）人物行动

人物在故事中的功能有两个，一是人物行动的功能，即人物可以发出动作，形成行动的序列，并构成情节；二是人物角色的功能，即人物都有自己的性格。一般来讲，只有人物的行动与性格相符，人物才是完整和真实的，才能发挥其在故事中原本的作用。

当然，人物的性格并不是一成不变的，在故事发展的不同阶段，人物所表现出的性格会随着故事进程的推移而变化。例如，故事前期人物隐藏性格，后续逐渐显露出不为人知的另一面；或人物经历了影响命运的大事件后改变了性格等。观众都是依靠人物的行动、语言等来推断人物的性格或其他详细的内容，因此行动的设计至关重要。

在传统叙事方式中，为了完整地展现人物，创作者往往采用文字、语言等方式描述其外观、穿着、心理活动和行动等内容；而数字叙事需要摒弃大部分描述性的内容，以更直观的形式表现人物的外貌、表情、服饰、语言和行动等，把一个"活生生"的人呈现在观众面前。此外，数字技术还可以在故事世界和现实世界搭建一个桥梁，目的是增加观众和故事中人物的互动。观众可以用探索的方式挖掘人物的特征，甚至直接影响或操纵人物的行动、语言等。在《名侦探柯南》中，创作者偶尔会在真正的犯人身上增加微表情、小动作等伏笔，或者在居住、工作的场景中增加观众难以发现的细节，将观众代入"审判者"的角色，拉近观众与故事的距离。

3. 环境设置

环境是指构成人物活动的客体与关系，环境被用来充实故事的发展，帮助观众更全面地理解故事的构成，更好地说明人物与情节的关系。

（1）环境构成

环境是故事结构中不可缺少的因素，是一个时空综合体。环境在故事创作中有多重的作用，常见的作用有形成气氛、增加意蕴、塑造人物及建构故事等。例如，为表现战场的肃杀，创作者会在故事架构之余增加对悲凉的天气、萧瑟的北风、隆隆的马蹄声及漫天的黄沙等的描写，以营造丰满的故事气氛，帮助观众理解故事内容。

环境包括自然现象、社会背景与物质产品三大要素。自然现象是指对天气、风景、地貌等非人工的因素进行描写与刻画，如暴雪、乌云密布、河流干涸、芳草萋萋等。社会背景是指由人际关系构成的社会活动，包括时代背景、风俗人情，也包括人与人之间的争斗、合作等。物质产品是指人类生产或利用的客体，一般具有人造或加工的痕迹，如服装、建筑、钱财等。对环境的描写可以打通三大要素的限制，毕竟环境的存在价值是为了丰富故事架构，将环境描写得尽可能细致，故事的架构就更丰满。

（2）环境的呈现方式

环境在故事中的呈现方式是多种多样的，但一般以支配与从属、清晰与模糊、静态与动态三种对应关系为主。

环境与故事的支配与从属关系与创作目的有关。如果数字叙事产品想要侧重故事的发展，重点说明人物或事件，那么故事就是支配者，环境就是从属者，故事架构以情节为主；相反，如果数字叙事产品想要对背景进行描绘，如控诉社会的黑暗或表现五光十色的生活画卷，那么故事情节就成了帮助观众了解背景的手段，环境成为支配者，故事成为从属者。

环境清晰性是指故事中的环境清楚、明确、历历在目，对环境的精细描写可以最大限度地完成人物活动（包括心理活动）及场所的刻画，使观众在相对精准的空间中感受到人物的存在，从而接受故事。环境模糊性是指社会背景含糊，如年代不清、地域不明等，这样既可以避祸或避免现实因素的纠缠，又可以创作出幻想的、虚拟的、光怪陆离的甚至与现实世界迥然不同的新世界。

静态环境是指故事受限在固定的空间，即人物在固定的场所中活动，如《红楼梦》的主要情节基本发生在贾府。动态环境是指随着故事的发展，人物的行动空间也发生变化，如《西游记》中的场景随着西天取经的旅程而变化。

此外，环境的呈现方式也是一种技巧。与人物设定相同，传统叙事通过文字或语言描述环境，叙述以故事为核心，环境描写难以占用太多篇幅，从而也使观众难以对故事发生的具体情形和背景有清晰的认知，难以与人物共情。

数字技术与媒介的使用彻底打破了传统叙事中故事叙述与环境描述不能同时进行且环境描述需要放置在情节前后用以铺垫或丰富故事内容的限制。视频、游戏等类型的数字叙事产品在情节展开的同时，能将此时此地的环境充分表现出来。例如，数字叙事产品可以将故事发生时的场景如自然风光、社会环境、周边陈设等内容同时呈现在叙事窗口中，以便帮助观众在环境中了解故事，设身处地感受人物在此时此刻的心态。

（3）环境的类型

依据环境在故事架构中的功能和其与情节、人物之间的关系，环境分为象征型环境、中立型环境和反讽型环境三种。象征型环境为人物活动提供适宜气氛与场所，是人物与情节的纽带，帮助观众理解人物行动与故事情节的发展，是最常见的环境模式。中立型环境是指所呈现的环境不具备人为因素，与故事中的人物和情节没有直接关系。反讽型环境是指环境与人物、行动有关但是不和谐，甚至对立的现象，如"朱门酒肉臭"与"路有冻死骨"就形成强烈的反讽。

数字叙事产品通过虚拟仿真画面和真实的声音对环境进行刻画，可以更好地揭示环境的隐含意义，丰富故事情节和引发观众共鸣，达到产生"临场感"的效果。

4. 故事架构

所谓"架构"，即关于基本结构的选择，在叙事中表示为叙事文本的结构模式或故事内容在数字媒介中实现与展开的模式。

传统叙事的故事架构一般以时间、空间、逻辑等顺序进行线性展开，辅之以插叙、倒叙、多线等方式，遵循经典的起承转合逻辑。但在数字媒介中，"空间感"被引入叙事，各种各样的如环形、树状、蛛网等叙事结构被使用，使单纯的故事有了"形状"，叙事也不再拘泥于时间，而是以空间化的逻辑取代最根本的时间逻辑，即"空间置换时间"。

玛丽-劳尔·瑞安（Marie-Laure Ryan）的互动叙事理论从故事与话语两个层面进行故事架构的设置。故事层面的故事架构主要有四种，如图 5-8 所示。

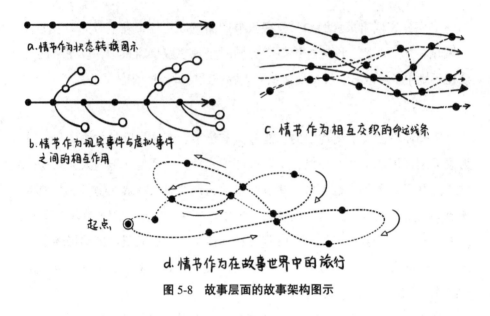

a. 情节作为状态转换图示

b. 情节作为现实事件与虚拟事件
之间的相互作用

c. 情节作为相互交织的命运线条

起点

d. 情节作为在故事世界中的旅行

图 5-8　故事层面的故事架构图示

（1）情节作为状态转换图示

情节作为状态转换的图示即"串珠"。"珠子"代表事件，被串在时间轴上。每个事件代表故事世界发生的变化，整个故事内容被简化成简单的情节曲线，所有事件按照时间顺序一一发生。

（2）情节作为现实事件与虚拟事件之间的相互作用

在"串珠"中的每个"珠子"上都额外有若干"珠子"，意为可能发生的、本该发生的及有待发生的"虚拟事件"，如信念、幻觉、虚构、恐惧、意图、计划等。"虚拟事件"是在某个事件中因人物面临的不同决策所触发的不同后续事件。

（3）情节作为相互交织的命运线条

将每个角色的命运视为一条"串珠"，多个角色会因为同时参与某件事而出现"串珠"的交叉，每个交叉点代表共同参与的事件。

（4）情节作为在故事世界中的旅行

情节作为在故事世界中的旅行即"主题公园"。故事世界有多个不同的地点，故事的发展需要角色前往不同的地点，每个地点都会触发不同的事件，这就像用户操纵角色在故事世界中旅行。

话语层面的故事架构也有四种不同的类型，它们表示用户穿越故事情节的不同导航方式，如图 5-9 所示。

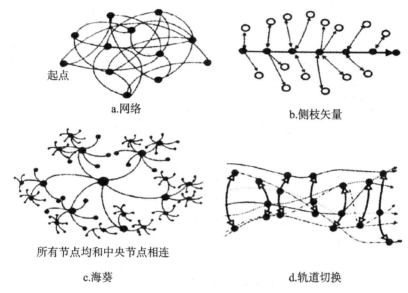

图 5-9　话语层面的故事架构图示

网络是指每个珠子代表一个事件，系统给定一个起点，并提供单向或双向的路径。每个事件发生后，系统会给予若干链接供用户选择，系统不能控制用户访问的路径，这些节点与链接就构成网络化的架构，用户在该架构中进行自由选择，故事世界最终如何呈现完全由用户决定。

侧枝矢量是指通过自然时序来叙述故事，但是在某个事件上会出现分岔，这些分岔导向外部材料或补充说明，让故事丰满起来。

海葵是一种放射性的图案，图中的圆点代表事件，用户访问它们时可以从任意小圆点返回上一级或主菜单。事件之间没有特别的逻辑关系，但是用户通过访问圆点所代表的事件，为事件组织逻辑关系，构建故事情节，这种架构特别适用于档案叙事。

转轨也叫轨道切换。这种架构同样表示不同角色的命运通过共同经历的事件进行交织，但是故事情节的推动完全按照时间顺序，不会将用户带往过去事件。

除了故事层面和话语层面的故事架构，其他故事架构还有三种，如图 5-10 所示。

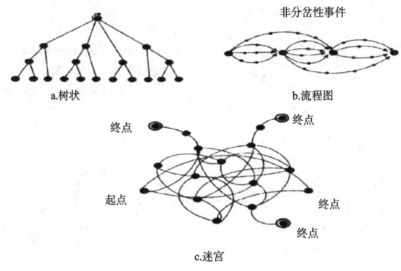

图 5-10　其他故事架构图示

在树状架构中，从上到下的纵轴方向代表事件发生的时间流，横轴代表对上一事件做出不同决策后可能出现的情况，是平行的故事世界。树状架构不允许回路，故事分支以稳定的方向生长并各自分离，到特定的故事节点只有一条路径，用户要在每个分岔点斟酌决定接下来的故事走向。树状架构的优点在于能够控制某个事件节点到目的事件节点的路线，最大程度保证故事的完整性；缺点在于故事的分支较多，用户必须提前设计好故事情节，以防决策点过多导致整个故事世界崩溃。

在流程图架构中，故事线索可以被合并，虽然其只对重点事件进行规定，但是会设计若干分岔供用户选择。流程图架构中的故事不论经过如何，关键情节点与结局是恒定的，整个故事的推动同样遵循时间顺序。这种故事架构经常被用在叙事游戏中。

在迷宫架构中，用户在故事世界中穿梭，寻找从故事起点到终点的路径。迷宫有许多不同的终点，用户在选择不同路径到达不同结局的过程中会获得不同的叙事体验。

（二）叙述方式

在数字叙事中，讲故事依旧是其核心，但讲故事的方式却发生了改变。数字叙事的叙述突破了传统文本的限制，采用了更广泛、活络的叙述方式与叙述技巧，使数字叙事产品的创作、传播与接收方式有了根本性的变革。数字叙事产品的叙述方式主要涉及叙述视角和叙述者。

1. 叙述视角

叙述视角是指叙述者或人物从何种角度观察或参与故事。叙述视角在叙事文本中处于支配地位，是理解叙事作品的入口。传统叙事受到文字与口语的限制，不论人们是用视觉还是听觉获取故事信息的内容，叙述视角是固定不变的，否则前后视角的随意切换会破坏传统叙事的完整性、连贯性与系统性。

自从在叙述中引入数字技术，固定的视角便没有那么重要了。例如，超文本小说设置了许多由超链接构建的节点，节点既可以是产品的故事片段，也可以是不同的故事内容，用户单击链接即可转向下一个故事片段或不同的故事，整个故事的发展或因不同的节点而走向不同的路径。数字技术的使用可以巧妙地在不同的节点之间完成叙述视角的转换，故事的焦点不断转移，从一个人物转向另一个人物，从当下的事件转向其他事件，甚至可以不受时间、空间的限制，直至构建出一个多人物、多线索可视化的宏大故事体系。这一变革无疑打破和重构了传统叙事体系，甚至将用户作为故事的参与者引入故事内容。毋庸置疑，视角的游弋成为数字叙事时代叙述方式的常态。

在数字叙事产品的创作中，叙述视角的确定依旧是整个创作过程的重中之重。数字叙事产品的叙述方式凭借声音、图像、演员、场景等元素得到延伸并实现叙述视角的转换和重构。但是，叙述视角仍然会受到一定的限制，叙述视角分为非聚焦型视角、内聚焦型视角和外聚焦型视角。

（1）非聚焦型视角

这是一种传统的叙述视角，叙述者或人物可以从任何角度观察被叙述的故事，并且可以在任何位置进行切换。非聚焦型视角具体表现为时而俯瞰纷繁复杂的社会生活，时而窥视人物内心隐蔽的意识活动，正所谓"思接千载，视通万里"，从该视角看故事仿佛上帝控制人物，故其又被称为"上帝视角"。

非聚焦型视角在三种叙述视角类型中是使用最多的，也是最容易被把握的。规模庞大、线索复杂和人物众多的数字叙事故事非常适合使用非聚焦型视角。《三国演义》不仅描绘了曹、孙、刘三个王朝的发迹过程，还描绘了诸如汉帝国、袁绍、袁术、董卓等其他势力，仅凭某一个或某几个人物的视角无法展现那种恢宏的气势与波澜壮阔的场面。数字叙事产品一般抛去大量文字的铺垫，对不同人物及其所处的场景进行全景式描绘，并将不同的场景按照一定的叙述顺序联结起来形成基本的故事结构。除此之外，数字叙事产品还需要从完整的故事架构中挑选适合数字表现形式的场景作为叙事的主干，这对视角与场景的切换要求更高，需要以恰当的形式完成视角与场景的切换。

（2）内聚焦型视角

在内聚焦型视角中，创作者严格依照一个或几个人物的感受和意识来呈现故事内容。相较于非聚焦型视角，内聚焦型视角的使用较少。采用内聚焦型视角的故事通过一个或几个人物的感官感知来接收信息，只转述人物从外部接收的信息和可能产生的内心活动，对于其他人则像旁观者一样通过面对面或近距离的接触去猜度对方的思想感情。电影《肖申克的救赎》以瑞德和安迪两个人的有限聚焦对电影情节进行逻辑安排，观众从影片中获得的故事信息都是他们两人所知道的。内聚焦型视角让观众被少量人物的叙述牵引着，虽然观众感知信息的范围被限制，但是这种视角能强化观众的主观情感，使其代入感极强地与人物产生情感层面的"同频共振"。总之，在数字叙事产品中，对于形象立体、复杂、多样的重要人物，创作者采用内聚焦型视角可以展现人物的脉络变化或与他人截然不同的生活，营造截然不同的故事观感。

根据焦点的稳定程度，内聚焦型视角又分为固定型内聚焦视角、不定型内聚焦视角和多重内聚焦型视角。固定型内聚焦视角自始至终都聚焦在一个人物身上，也是最常见的内聚焦型视角，常出现在个人传记叙事、纪录片式作品和新闻叙事等产品中。纪录片式作品不仅包括纪录片，还包括根据纪录片的表现形式创作的电影。电影《我不是潘金莲》使用的就是固定型内聚焦视角，影片以李雪莲的视角聚焦其在"上诉"过程中与形形色色的人不断周旋的故事。在新闻叙事中也有不少产品使用固定型内聚焦视角，这些产品以镜头所示内容为焦点，随着镜头以及主持人和旁白的语言展开故事情节，最终呈现整个新闻事件的全貌。

不定型内聚焦视角采用多个人物的视角来呈现不同的事件。它在特定范围内必须聚焦在某一个人物上，再通过其他人物的注意点、内心感受与思维方式，形成一幅完整的故事画面。在数字媒介下，内聚焦型视角通过独特的离散叙事方式与非凡的交互性和沉浸感可以构建出色彩缤纷的故事画卷。

多重内聚焦型视角是指同样的事件被反复叙述多次，也就是让同一故事中的不同人物各自观察同一事件，形成互相补充甚至冲突的叙述，以便观众了解故事的丰富性与歧义性。多重内聚焦型视角下的故事细节更丰满，人物设置更丰富，故事内容更完整，其中惯用的戏剧冲突的营造更加速了故事的叙述进程。国产电视剧《摩天大楼》用保安、邻居、建筑师、中介、保洁阿姨、小说家等相关人物的视角作为不同单元来叙述和表达同一个事件。因为每个人的关注点不同，所以将他们讲述的所有信息整合起来，被隐藏的故事才能慢慢出现。有意思的是，不同角色在各自的叙述过程中存在或真或假的信息，甚至还有互相矛盾的内容，这种视角能让观众产生好奇心。

（3）外聚焦型视角

外聚焦型视角借助"非人格化"方法叙述"所见所闻"，叙述者知道的信息少于角色知道的信息。外聚焦型视角只描述显而易见的行为并且不进行任何解释，也不进入任何人物的内心活动，只通过行动、语言、表情来向观众展示角色。

在外聚焦型视角下，叙述者严格以整个故事架构外部为观察点，聚焦人物的行动、外表与客观环境，不关注人物的行为动机、目的、思维及情感。这种聚焦方式拒绝提供人物内心活动，使人物显得神秘和朦胧，因此，常常被用在悬疑和幻想类型的叙事产品中，旨在营造扑朔迷离与高深莫测的效果，制造悬念以引发观众的好奇心。日本动漫《名侦探柯南》就运用了外聚焦型视角，以每集或数集为一个单元，讲述单独或系列的推理案件，聚焦柯南及其他相关人物的思维、语言、表情和行为等内容，展示案件的推理过程。

（4）视角变异

不同的视角类型在实际运用中往往会出现交叉与渗透的现象，这种现象被称为视角变异。创作者往往并不用一种视角贯穿叙事作品的始终，甚至会在创作过程中特意安排不同的聚焦方式。多类视角混合使用与视角变异是数字叙事产品常用的方式，在这种安排下，故事叙述一般有两种表现。第一种表现是减少信息，即从已经采纳的视角类型中扣留一些信息，或故意向观众隐瞒，引发悬念，进而与观众产生"无声的交流"，以推动故事进程。这种变化更像其他视角向外聚焦型视角的嬗变。第二种表现是增加信息，即叙述者或人物突破单一的聚焦方式进入更加广阔的视野，或向观众提供超过叙述者或人物在某一聚焦位置所掌握的信息。这种变化如同包含秘密的纸团被一层一层剥开，更像内聚焦型视角向其他视角的扩散。

2. 叙述者

叙述者是陈述行为的主体，与叙述视角一起构成叙述。任何故事都至少有一个叙述者，这个叙述者可以是故事中的人物，也可以是其他人，否则故事就无法被组织与表达。叙述者承载的功能有五种，分别是叙述故事情节、组织故事结构、见证故事发展、评论故事内容及与观众进行联系与交流。在数字叙事产品中，由于互动形式的加入，观众可以与叙述者共同完成叙事，如超文本小说中节点的点击与故事路径的选择。

（三）互动设置

互动性是数字叙事产品最常见的特点之一，从音视频到游戏，越来越多的数字叙事产品增加了互动性元素。互动数字叙事依靠互动数字技术完成叙述活动，互动技术推动着人与故事空间关系的演变，在互动数字叙事发端之后，互动者依靠想象与故事空间互动，直接面对更立体的故事空间。在互动技术与物理空间结合形成沉浸式互动空间之后，互动者可以真正进入故事空间。本节从互动者（用户）、互动模式、用户体验三个方面展开讨论互动数字叙事的互动性内容。

1. 互动者

在叙述过程中创作者需要明确两个角色，即叙述者与接收者。叙述者是陈述行为的主体，可以是故事中的人物，也可以是其他人。接收者是与叙述者对话的人，正如叙述者不等同于作者，接收者也并非一定是读者或观众。在传统叙述中，接收者接收叙述者的信号，承载叙述行为。而在数字叙事中，接收者的角色得到了重构，随着大量互动元素的添加，读者或观众进入故事空间并成了真正意义上的接收者。

化身（Avatar），原为宗教用语，意为神或其他超自然力量借助某种方式化为人类或其他形态实体后出现在现实中。这个概念被引入数字世界，意思是现实中的用户通过网络投射到虚拟世界中，并进行一系列的活动，如网络社交、游戏控制等，这也是互动性的重要体现。在互动数字叙事产品中，用户一方面通过链接选择、导航等方式推动故事的发展，另一方面也以化身的形式参与故事。参与的方式一般是作为故事中推动故事发展的人物，在多线性等的叙述结构中还承载着选择故事路径的功能，对故事后续发展甚至结局都有绝对的控制作用。同时，读者或观众不再只是单纯的讲述者、接收者或游弋在故事外的局外人，而是以讲述者、参与者等多重身份参与整个故事。

2. 互动模式

不论是数字技术还是数字媒介，互动性都是其固有的特征。互动是数字技术所带来的双向交流的能力，而在数字产品中，交互一般作为吸引力，用以表示用户与数字产品内容或服务进行联系和双向交流，以达到增强用户参与感等目的。在互动数字叙事产品中，用户直接参与叙事活动，充当故事主角，甚至左右故事发展。用户在数字媒介（如计算机、游戏主机等）上选择并发送一定的指令，互动数字叙事产品依据指令调整自身行为，这便是简单且完整的互动过程。单纯的选择并不能构成互动，选择是互动的必要非充分条件。互动数字叙事产品之所以是互动的，是因为它是根据用户实施的选择来执行模块代码并做出反应，进而改变总体状态的。因此，真正的互动数字叙事产品，不仅有选择，还必须要有依据选择进行必要调整与反馈的回路。

"互动"一般有三种方式。第一种方式是分岔，即设计不同的故事发展路径供用户选择以满足用户的不同意愿，用户依据自身意愿推动情节发展，体验"专属"故事，甚至体验不同"平行世界"下的全部可能性。第二种方式是叠加，即在故事主要发展路径中设计局部化的互动场景，如解谜、战斗等。第三种方式是模拟或仿真，即模拟或仿真出比较大的虚拟环境，用户以化身的形式进行"深度"互动，甚至进行自我故事的创作。在《模拟人生》系列游戏里，玩家控制角色进行生活、工作、社交等日常活动，规划"自己"的人生。

玛丽－劳尔·瑞安在研究数字叙事的互动性时，依据用户和虚拟世界的关系，从位置和影响两个角度提出了两对二元对立的类别，即内在和外在、探索与本体，如图 5-11 所示。

图 5-11　数字叙事互动中的二元对立

内在互动是指用户以化身形式投射到虚拟世界（故事世界）中，一般表现为第一人称或第三人称视角。外在互动是指用户位于虚拟世界外，扮演高高在上的、控制虚拟世界的"上帝"角色。探索互动是指用户在显示设备中点击导航链接以推动故事进程，但是该活动既不创造虚构历史，也不改变故事情节，用户对虚拟世界的命运不造成任何影响。本体互动是指用户的决定将虚拟世界的发展送至不同的分岔道路，从本体论意义上而言，用户决定故事从哪个场景中发展而来。

两组二元对立的交叉产生了四种互动模式的组合，这给互动数字叙事的互动设置带来了设计构思。

组合一：外在——探索互动。用户位于虚拟世界外，参与互动的方式是通过自由点击链接与按钮等实现故事情节的推动与分岔的选择。典型的代表是超文本小说。

组合二：内在——探索互动。用户在参与数字叙事的过程中将自身投射到虚拟世界中，扮演并操纵角色或以角色的第一人称视角来展示虚拟世界，但是用户的作用局限在故事内容及发展过程中，不会对虚拟世界产生影响，故事的发展依旧是按照既定的方向。典型代表是冒险与解谜类游戏。

组合三：外在——本体互动。用户如上帝一样存在于虚拟世界外，操纵故事中的人物，规定他们的属性，替他们做出决策，甚至创作出影响虚拟世界总体进程的情节或事件。典型代表是模拟类游戏和互动影视。

组合四：内在——本体互动。用户化身为虚拟世界中的角色，并遵从故事的时间与空间设定。用户的行动及决策转化为所化身人物的命运进而影响故事的变化，甚至产生新的情节。典型代表是角色扮演类游戏和冒险与解谜类游戏。

综合以上四种互动模式的组合，互动性在互动数字叙事产品中表现出四个层次。

第一层次：外围互动。故事被互动界面所框定，互动性不影响故事本身，也不决定故事的呈现次序，用户仅凭节点、链接、选项或按钮推动故事情节。

第二层次：影响叙事话语与故事呈现的互动。这种互动与超文本小说类似，故事情节与架构是被预先设定好的，但是展开故事情节的秩序却是多样的。在一个情节后，系统会显示几个平行的情节供用户根据自己的兴趣进行选择，尽管最后的结局是恒定的，但用户可以随心所欲地在故事世界中挑选感兴趣的故事情节。例如，《下午，一个故事》提供到达同一结局的不同路径。

第三层次：在预制活动中创造变体的互动。这种互动与带有叙事内容的电子游戏类似，事先设计好相应的故事内容、用户化身与故事世界、故事中的任务，同时赋予用户一定的行动自由。然而这种自由仅是遵从故事主线的自由，用户可以体验与系统的互动（如解谜、支线任务），但不得违背故事主线的发展。

第四层次：导致故事实时生成的叙事互动。这种互动的故事并不是预制的，而是根据代码与用户的操作实时生成的，系统程序的每次运行都会生成一定的故事情节。

3. 用户体验

当人们阅读、玩游戏或创作时，暂时会忽略周围的环境，仿佛置身于所读、所玩和所创作的时空中，忘记了自身的存在——这就是所谓的"沉浸感"。古往今来，人类用一个又一个或富含哲理，或引人向上，或传播美好爱情，或畅想未来的故事来传承文明，传播理念，解释现象以及消磨时间。叙事所带来的沉浸感体验可以达成教育或教化的目的，这种沉浸感体验在一定程度上胜过言传身教，甚至会让人们与故事中的人物进行共情。故事的传播离不开媒介。受益于具有强大表征能力的数字技术，数字叙事（特别是互动数字叙事）自诞生以来，就以其独特的表达方式，带给用户非凡的享受，最终将享受物化为产品。

对互动数字叙事产品来说，互动性与沉浸感是其叙事体验的两大"王牌"。互动性体现产品的理性维度，沉浸感则牢牢把持产品的感性维度。但是，互动性与沉浸感并不是相互独立的要素，而是彼此交织，最终共同建构出不同于传统叙事与其他数字产品的用户体验。

（1）沉浸的类型

数字叙事的沉浸包括空间沉浸、时间沉浸、情感沉浸及互动式沉浸。

所谓空间沉浸就是用户在体验叙事的过程中，认可故事世界所营造的空间感而产生一种身临其境的感觉。时间沉浸是指用户对故事接下来的情节如何发展的渴望，悬念、好奇、反转、惊喜等情节的设定都能促使用户全身心跟随情节节奏进而产生满足感与沉浸状态。情感沉浸是指用户在接受叙事的过程中获得情感反应的体验，包括对人物的评价和感同身受（共情）。以上三种沉浸在传统叙事文体中均有体现，但在数字叙事时代，数字媒介的强大表征能力大大拓宽了叙事体验的强度，用户往往从多个感官获得对故事内容的沉浸感。数字叙事产品通过图像、视频、音乐、虚拟现实眼镜或其他带有传感器技术的可穿戴产品，从视觉、听觉多个角度"刺激"用户，使用户全身心投入故事。

互动式沉浸是将"互动性"与"沉浸感"结合起来形成的新的叙事体

验。传统叙事的互动体现为用户与故事的心理互动，而在数字叙事中，用户通过数字技术如增强现实和虚拟现实实现与故事世界的身体和物质互动。用户与故事世界的联系被加强，所以最大限度地打通现实世界与故事世界的壁垒。用户也可以成为故事的讲述者，参与故事并沉浸在奇妙的故事世界中，这是数字叙事的最终指向。

（2）沉浸发生的条件

沉浸的发生一般有四个必要的条件。第一，故事世界的存在。为了使沉浸发生，产品必须提供一个引人入胜的"有趣的"故事，这是沉浸发生的前提。第二，想象力的介入。用户在体验叙事的过程中需要有一定的想象力，如设想角色所处的场景和人物的心理活动，甚至将自己想象成故事中的那个人。因此，在故事的构思与产品的设计过程中，创作者须借助内在的认知模型、合理的推理机制、真实的生活经验及相应的文化知识，构建可以滋生受众想象力的、利于沉浸的文本域土壤。第三，身体的参与。这一点体现在用户借助数字技术或利用化身与系统互动，暂时忘记自己所处的真实世界而融入故事世界，沉浸在所扮演角色的生活中。第四，媒介的透明。在数字叙事中，用户进入计算机等数字媒介构造的虚拟世界中，会暂时忘却计算机的存在，这便是数字媒介的透明，也标志着用户真正做到了"叙事沉浸"。

上述四个条件对沉浸的产生有不同的作用。故事世界的存在是沉浸发生的前提和基础；想象力的介入是沉浸发生的驱动力；身体的参与是沉浸发生的具体表现，参与的身体既可以是实际的身体，也可以是化身；媒介的透明是沉浸发生的结果和标志。

能否让用户沉浸于故事世界，获得非凡的用户体验，是数字叙事产品是否合格的标志。

（四）后期制作

随着数字叙事的应用领域不断扩大，一大批各式各样的数字叙事创作工具开始涌现，如视频拍摄与剪辑、音频插入、图片拼贴、文字输入等软件或平台。

本书以 ArcGIS StoryMaps 的在线应用服务作为数字叙事创作工具的示例，阐述如何使用该工具创作出符合需求的数字叙事产品。

1. 简介

ArcGIS StoryMaps 是由美国环境系统研究所公司（Environmental Systems Research Institute，ESRI）开发的在线数字叙事平台，旨在以叙事的方式或格式重新定义数据集，帮助观众以更直观的方式获取数据的含义。该平台允许内容创作者将文本、照片、视频、3D 模型，以及使用 ESRI 在线地图界面创建的地图添加到网页上，观众通过向下滚动不同的幻灯片来访问其他内容。创作者利用各种叙事元素创作出可视、简洁的故事线，也可以设置用户在故事线中探索的导航，以营造一个"引人入胜"的传达信息的叙事情境，该平台一般被用在教育、学术研究和公共管理等方面。

2. 功能

ArcGIS StoryMaps 是基于 Web 的故事创作平台，用于在叙述文本和其他多媒体内容的情境中共享地图。使用 ArcGIS StoryMaps 可以执行下列操作。

（1）使用故事构建界面创作故事

创作故事的元素包括地图、叙述文字、列表、图像、视频、嵌入式项目和其他媒体。

（2）发布并共享故事

每个已发布的故事都有各自的统一资源定位符，创作者可以使用这些统一资源定位符在特定的范围内共享故事给特定的群组或所有人。

（3）创建并发布集合

集合将故事和 ArcGIS StoryMaps 的应用程序捆绑在一起，以便共享和演示。

（4）管理已创建的故事

创作者可以在故事页面中查看和编辑已创作的故事；或查找其他人创作的故事，并将故事添加到收藏夹列表。

3. 创作流程

第一步：登录平台

创作者需要在平台上注册 ArcGIS StoryMaps 的账号并登录。登录后网页转到"我的项目"页面，如图 5-12 所示，此页面是所有 ArcGIS StoryMaps 内容（包括故事、集合和主题）的起点。

图 5-12 "我的项目"页面

创作者单击右上角的"+ 新建故事"，从下拉菜单中选择"从头开始"，短暂等待后，网页会跳转到"故事封面与标题"页面，如图 5-13 所示。在这里，创作者可以为故事添加封面和标题，也可以添加副标题（可选）并在副标题下方调整署名。

图 5-13　"故事封面与标题"页面

第二步：构建叙事

单击封面下方的小加号，获得选项菜单。此菜单（调色板，Block Palette）是构建叙事的核心，提供了一组功能强大的选项，帮助创作者逐个组装故事。调色板按功能分为三部分，即基本功能、媒体和沉浸式模块。其中，基本功能包括文本、按钮和分隔符三个项目；媒体包括地图、图片、视频等项目；沉浸式模块包括幻灯片、Sidecar 和地图导览三个项目。不同项目的自由使用帮助创作者创作出极具吸引力和沉浸感的故事画卷。

叙事文本是故事的基础，创作者在"添加叙事文本"里可以将多种类型的文本内容块添加到故事中，包括"段落和大段落""标题和副标题""引述块""编号列表和项目符号列表"；还可以使用其他内容帮助组织和增强故事，如使用"按钮"链接到外部网页，使用"分隔符"在内容模块之间添加垂直间距和水平标尺。

对于键入的文本内容，平台提供了多种调整方式，如更改文字的颜色和字体、添加超链接、文字对齐、强调显示等。同时创作者还可以修改文字的层级，如将一段文字更改为标题、副标题和段落等不同的层级。

对于添加图片，创作者需要打开模块调色板，从菜单中选取"图像"，浏览文件夹并查找要包含的图像，将其添加到故事中。平台同样提供了针对图片的处理方式，包括调整图片的大小、拖动图片的位置等。值得注意的是，在拖动图片的同时，平台允许周边的文字随图片的移动而"流动"（变换位置）。除此之外，平台支持对多个图片进行处理，创作者可以使用"图像库"选项对多个图片进行拼贴。

对于移动元素，在添加文本、图像和其他媒体后，创作者可以在所创作的故事中随意拖曳和移动它们，如图 5-14 所示。将鼠标悬停在文本块、媒体项、地图、分隔符、按钮或整个沉浸式模块上时，创作者会看到一个小手柄出现在其左上角，单击并拖动手柄，创作者会看到一个缩略图在故事的上下移动，释放鼠标，该项目将重新出现在新位置。

图 5-14　移动元素

第三步：制作地图

在调色板中选择"地图"选项，网页会转到"添加地图"页面，如图 5-15 所示。平台提供了两种添加地图的途径。第一种途径是选择既有的地图，如从"生活地图集"中选择合适的地图，或从"我的群组"中选择其他人共享的地图，或在搜索栏中输入关键词，检索合适的地图。如果既有的地图都不合适，平台还提供创作者自己创作地图的途径。

图 5-15　添加"地图"页面

如图 5-16 所示，单击"新建精简地图"，创作者便进入"地图编辑器"，可以扩大或缩放世界地图模板。在模板上方，平台提供了绘制地图的工具栏，包括区域选择，以及绘制点、线、面等多种标记的选项。在选定地点（标记点）后，页面左侧会出现描述该地点的项目，如图 5-17 所示，包括命名、文字描述和图像添加，以及修改地点标识的颜色（样式选项）等功能。待该地点的内容被修改完成后，创作者单击左侧下方的"完成"按钮，即完成地点的创建工作。此外，如果创作者对当下的底图不满意，可以选择页面左侧的齿轮状（设置）按钮，更改底图，如图 5-18 所示。

图 5-16　新建精简地图

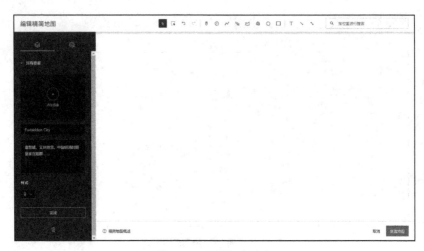

图 5-17　设置叙事地点

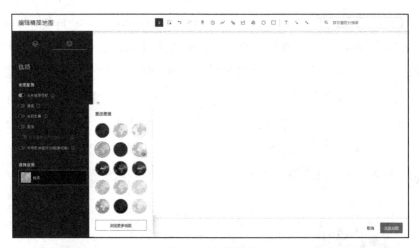

图 5-18　底图更改

第四步：添加沉浸式和其他多媒体模块

沉浸式模块在观众浏览故事时以一种强调的方式占据整个浏览器页面，通过增加故事的多样性，增加叙事体验和沉浸感，如帮助讲述者演示或引导观众进入兴趣点。

"Sidecar"是一个基于滑动的模块，有三个布局选项，每个布局选项都是一个强大的叙述工具。"浮动面板"适合具有简短标题或描述的，并在视觉上引人注目的媒体类型。"停靠面板"适合较长的叙述性内容。"幻灯片放映"与浮动面板在呈现效果上相似，但观众可以通过手动单击幻灯片来横向体验幻灯片放映。创作者在创作故事的时候可以根据插入媒体的类型（如文本、音频、视频、地图等）混合使用这几种布局。

"地图导览"允许创作者在地图上绘制点，并将媒体内容和叙述性文本添加到地图侧面或浮动面板中，具体的呈现方式取决于创作者的布局选择。"地图导览"有两种类型——"向导式"和"探险家式"，每种类型都各有两个布局选项。向导式地图导览按顺序引导用户浏览一组地方：故事的焦点从一个游览地点转移到下一个游览地点，每一个地点的旁边都附有文字和媒体内容。向导式地图导览有两种布局方式——"以地图为中心"和"以媒体为中心"。当创作者选择以地图为中心的布局后，界面会以地图为焦点，文字描述和其他媒体会被置于浮动面板中；当创作者选择以媒体为中心的布局后，图片等媒体内容会位于当下的突出位置，文字和地图会被置于旁边。不论创作者选择哪种布局，用户都可以与地图进行交互。探险家式地图导览提供比较少的线性叙事脉络，在侧面板用列表或网格的布局方式，通过缩略图的形式，显示相应的叙事线索。用户点击地图或侧面板中的任何项目都会看到相关的媒体和叙事信息，用户可以按照任何自己喜欢的顺序浏览故事。

从技术上来讲，"Swipe"并不是严格意义上的沉浸式模块，但是它可以让创作者用"优雅"和美观的方式比较两个图像或地图，适合一组具有比较关系的事件或信息，帮助用户直观地了解特定的叙述信息。

ArcGIS StoryMaps还引入了一个时间组件——时间线，目的是帮助创作者建立具有逻辑关系的、附带文字描述和媒体内容的一系列"事件"。时间线有两种布局方式，分别是居中对齐和右对齐（时间轴目前都是纵向排列）。

第五步：增加嵌入式内容

ArcGIS StoryMaps提供了一种与其他平台（主要是社交平台）进行交

互的模式，将其他的 Web 内容以链接或完全交互的方式嵌入平台。例如，如果创作者想要将推特上的推文嵌入故事，可以打开调色板中的"嵌入"选项，复制统一资源定位符或 iframe 代码。在默认情况下，平台会将达到交互要求的 Web 内容（如推文）作为完全交互内容嵌入故事。具体的嵌入与交互效果会与目标平台和内容有关，平台也提供了几个选项来调整嵌入、交互的方式及显示的结果。

第六步：调整设计

调整设计的目的是为创作的故事提供更美观的呈现效果以直接影响用户的叙事体验。在平台右上方有一个"设计"按钮，单击此按钮后页面右面会出现一个面板，面板中有"封面""主题""启用可选部分""增加徽标"等选项。

封面布局有三种，分别是"铺满""并排"和"最小化"，如图 5-19 所示。其中，"最小化"只允许在标题上方添加图片或不添加任何媒体内容。当选择"铺满"和"并排"两个选项后，页面中会出现"添加图片或视频"选项。如果选择了"铺满"，那么图片和视频会铺满整个页面，视频会以自动和循环播放的形式被呈现；如果选择了"并排"，那么图片和视频会被显示在标题的右边（或左边）。在添加图片或视频后，创作者可以对文字等所有内容进行调整，如调整颜色、字体等。

图 5-19 "铺满"（左）、"并排"（中）和"最小化"（右）

平台提供了六个主题供创作者选择。创作者通过单击某个预设主题来更改整个故事的外观和效果。点击某个主题后，创作者不仅能更换背景，还可以更改字体和主题色，甚至调整创作的精简地图，如用较暗的底图来补充故事背景。如果创作者对预设的六个主题都不满意，那么平台还支持创作者自定义适合自己的新主题。

"启用可选部分"包括两部分内容，即打开或关闭故事内的导航和故事底部的制作人名单。对于故事内导航的控制，创作者选择关闭不需要使用的导航按钮和路径即可。平台还在故事底部设置了制作人名单，内容包括数据源、图像作者和其他脚注样式的项目。

"增加徽标"即创作者可以将代表自己身份和其他信息的标识或 Logo 置入故事。

第七步：发布与共享

发布与共享是创作故事的最后一步，故事只有被发布了，才算被真正创作完成。当创作者单击"发布"后，页面会跳转至具有两个面板的新页面。新页面的左侧是用于配置故事卡的选项，其可以确定缩略图、故事标题和摘要；新页面的右侧是共享设置，选择"私人"表示故事仅对个人可见，选择"我的群组"则允许 ArcGIS StoryMaps 群组中的其他人访问故事，选择"每个人"则表示向所有人公开故事。

📖 扩展阅读：叙事电子游戏的设计

在所有的数字叙事产品中，带有叙事内容的电子游戏是最典型的一种。现在的游戏几乎都有着独特的世界观、完整且有趣的故事、多元的互动模式、极致的用户（玩家）体验，以及益智、教育、社交等多种功能，成为数字产品中独树一帜的存在。以叙事为主的游戏设计有其独特的流程、叙事技巧和体验。叙事电子游戏的设计流程如下。

第一步：游戏构思

游戏创作的第一步是构思，即思考确定游戏类型，然后在游戏类型的基础上进行故事构思，形成相应的故事文本或剧本。游戏的构成要素包括故事、角色、道具、场景、规则、界面与声音等，所有这些要素都离不开对游戏整体的构思与设计。

游戏类型的确定和划分标准不一，根据题材，游戏分为冒险类游戏、动作类游戏、策略类游戏、模拟类游戏等；根据画面视角，游戏分为2D游戏、3D游戏等；根据是否联机游玩，游戏分为单机游戏、网络游戏；根据投放的平台，游戏分为主机游戏、电脑游戏、移动游戏。影响游戏类型确定的原因有很多，如团队兴趣、规模与实力，知识产权授权，成本预算，硬件及引擎，目标玩家，投放平台等。

设计者在确定了游戏类型后，要制定适合该类型游戏的故事世界的游戏规则，如游戏目标与胜败条件、物理规则、经济系统、角色强化机制、战术机制、交互行为、休闲与社交机制、数值与概率系统等内容。

第二步：故事构思

电子游戏在画面、玩法、运行、硬件与剧情等方面有优劣之分，可以通过技术来弥补劣势方面，但如果游戏故事的构思不好，技术就很难弥补了，因此故事构思也成了最具竞争力的一个因素。

故事构思包括故事情节、人物（角色）设计、环境与故事架构等内容。游戏故事的创作有一定的独特性，游戏中的人物大多是善恶界限分明的扁平人物，玩家所操控的主角基本是整个游戏世界的“英雄”。故事构思与创作的过程包括故事背景或世界观的构建，故事情节与戏剧冲突的设置，角色设置与角色成长弧线，任务或关卡设计，环境设计，对白或台词设计，叙事技巧（铺垫、伏笔、悬念与可信度）等内容。

第三步：角色开发

对任何游戏来说，角色都是极其重要的。作为玩家的化身，主角承担着叙事接收者与参与者的作用；作为游戏的一部分，主角承担着游戏及故事的主题与价值符号的作用；在玩家操作的过程中，主角也承担着叙事的作用。

角色开发一般包括角色设计、叙事设计、概念美术设计、动画、选角、音效及统筹与整合等任务。其中，角色设计是指角色的设计需求，即角色在游戏中的能力、技能、优势、劣势与定位。叙事设计是指角色画像与背景故事的设计，包括角色的年龄、性别、身份等，经历的事件，参与某事的动机、过程、细节及角色变化。概念美术设计是指角色的外观、装备、道具，角色的形象与符号、技能与动作的画面、图标等的设计。动画的目的在于让角色动起来。选角是指寻找配音演员进行台词配音，或者进行表演来帮助捕捉动作、表情等。音效包括动作拟音、台词配音。统筹与整合是指将所有元素整合到设计的角色中并构建角色描述文档。

第四步：关卡和任务设计

关卡和任务是指主角在整体故事推进过程中所经历的事件。横亘在故事主线中，对于游戏故事的推动、主角自身的进步、故事背景的变化等都具有重要意义的事件被称为主线任务；而在完成主线任务的同时还需要通过战斗解决的 BOSS（大型怪物或反派角色）、破解的谜题、完成非玩家角色的指令、制作或寻找某种道具等都是相应的关卡。对故事主线影响不大、起着丰富故事背景和立体化人物性格作用的、非主要人物表现的事件被称为支线任务和隐藏任务，这种任务也有相应的关卡设计。此外，在游戏中还有一种被称为"副本"的游戏关卡。这种副本大多与故事主线无关，一般充当角色获取经验、道具、装备、游戏资源及产出等的背景。

第五步：环境设计

环境，也就是游戏的场景，包括自然环境、社会人文环境和虚拟环境。自然环境即游戏世界的自然风光，包括水文、地形、植被、生物、天气等。社会人文环境是指游戏世界中与人类生活有关的场景，大到整个城市、社区和建筑，小到建筑中的房间。社会人文环境的场景外观与自然环境、政治势力、宗教信仰和规则法律息息相关。虚拟环境是指主观上非真实环境的场景，如梦境、幻境及脑海中的世界等。理想状态中的每个场景或关卡的组件、细节、属性、外观等都有助于阐述游戏中的故事世界，有助于将玩家与游戏世界紧密联系起来。玩家在探索场景、挖掘细节时会聆听游戏世界想要讲述的故事，会对特定的场景投入相应的情感，如会在惊恐、逼仄的空间呼吸急促，在开放、欢快的场景心情愉悦，会欣喜于游戏中自然风光的变化和季节、天气的更迭。一个充满活力的故事世界总会让玩家全身心投入，使玩家沉浸其中。

场景的构建一般遵从两个原则。一个原则是场景的整体构建应致力于打造一个完整、合理的故事世界，故事世界的外观、内部结构的设计应参考现实。另一个原则是场景及其细节的设计应赋予社会人文内涵，使之成为叙事的组成部分，使之不论在物理结构（如建筑结构）上还是在叙事逻辑（如服饰搭配）上都符合当时人类的历史与文化认知。设计者最好在构建场景前就根据游戏故事构思、角色描述文档、关卡和任务设计撰写环境描述文档，将待构建的场景用文字、图画等形式描绘出来。

第六步：故事构建与游戏制作

故事构建是将之前的故事构思、角色、关卡与场景等各种设计理念通过代码和设计工具变为现实，构建出完整的游戏故事世界，这个过程主要由程序员或游戏工程师来完成，包括角色人工智能开发、游戏开发等内容。

角色人工智能开发的目的在于控制角色和赋予角色相应的"智慧"，使之按照既定的游戏设计行事，如为主角提供帮助、设置冲突、引出关键情节点等。

在角色人工智能开发之前，设计者要在角色描述文档和角色的愿望的基础上确保在可视的范围内使角色的行动、语言、情绪符合所塑造的人物设定。在理想状态下，角色人工智能设计应与角色的设计意图、角色描述文档和人工智能功能融合在一起，进而形成一个可实现且可信的实体。在进行角色塑造的时候，设计者首先要考虑职业（工人、商人、军人等），即给游戏中的角色赋予日常工作和生活的思想。每个角色都有自己的基本愿望、长期愿望、短期愿望和眼前愿望。角色的基本愿望一般保持不变，无非就是吃饱穿暖和生活得更好，角色会在与他人对话的过程中分享自己的所见所闻或表达出对生活的美好期待。长期愿望是指角色生活或工作的目标，如搬运工想买一栋房子，军人想冲阵杀敌晋升为将军等。短期愿望是指更进一步的期待，如工人想尽快结束工作回家睡觉。眼前愿望是指角色眼下需要做的事情，如工人考虑如何将货物搬走。绝大多数角色的基本愿望与长期愿望一般不会有变化，而短期愿望和眼前愿望会随着时间的推移、故事情节的推动而发生变化。

角色为实现愿望而进行的努力往往反映在其行为中。例如，在进行战争时，由人工智能控制的将军与士兵为了赢得战争的胜利，甘愿面对枪林弹雨而不后退一步，持续不断地战斗直到生命消亡。

第七步：音效

游戏设计中的音效设计包括角色台词配音、任务或提示语音、环境声音、系统化声音和背景音乐等。

角色台词配音是指在角色描述文档和相应的台词的基础上，将台词转化为声音置入游戏。

任务或提示语音是指玩家在固定的地点或时间节点触发的语音，可以作为任务或关卡的提示，需要配音并被置入游戏关卡的相关脚本。任务或提示语音在叙事或整个游戏中的作用如下：向玩家传达任务提示、游戏目标、胜败条件信息；完善整个叙事架构，用对白的方式进行情节衔接，设置伏笔、悬念及兑现，并将其纳入整个游戏的宏观故事背景；推动故事发展；促进角色成长与性格塑造；增加有意思的情节，给整个游戏增加趣味性等。

环境声音是指在搭建游戏场景、角色对话或关卡设计中用到的声音，其对游戏故事和用户体验的真实性与临场感大有裨益。在不同场景的不同位置、不同时间，甚至角色的不同状态中，玩家都能听到不同的声音，这无疑会使游戏更加生动，玩家能更沉浸在游戏世界中。游戏中的环境声音有以下几种类型。

（1）天气与自然声音：风声、雨声、雷鸣、冰雹声，树叶被风刮动的声音，河水流动的声音，大树倒塌的声音，岩石自然掉落的声音。

（2）动物声音：犬吠、虫鸣、鸟啼、虎啸、龙吟等动物啼叫的声音，以及动物动作的配音。

（3）植物拟声：花开、小草破土而出等正常情况下罕见的，但在游戏中为了某种用途而特意创作的声音。

（4）动作声音：开关门、拍打、踢踹、敲击等动作发出的声音。

（5）武器配音：出剑、收剑、剑刺、格挡等战斗行为的配音。

（6）技能与魔法配音：气波声、爆炸声、移物等技能释放过程和释放后的效果产生的声音。

（7）人声：特定场景下人类的声音，如集市中的叫卖声等。

系统化声音是指特定操作或状态中的语音台词。系统化声音的工作非常繁杂，是叙事和音效工作中规模最大、耗时最长的任务之一，需要多个部门和人员协同参与。系统化声音无论对语音数量还是对技术的要求都极高，系统化声音的要求如下。

（1）特定时间：如报时语音、节日语音等。

（2）特定地点：如场景边界、看到不同物体的回应等。

（3）特定条件：如受伤之后。

（4）统计数据：如特定物品达到一定数量。

（5）战斗及技能配音：游戏角色在战斗及施放技能时有相应的台词。

（6）系统声音：如系统菜单中的点击音，打开或关闭包裹的声音，资源合成成功或失败的提示音等。

在游戏中应用高质量且合适的背景音乐会让玩家拥有截然不同的感受，背景音乐的作用包括渲染环境与气氛、突出故事内容、表达角色情绪、提供大众娱乐等。

第八步：游戏测试与质量控制

测试的目的在于发现可能出现的严重问题，如游戏崩溃、死机、无法读取或切换场景、美术缺失、文字乱码、性能问题和物理层面的问题等。当然也有看似不太严重实际上很重要的问题，如菜单错误、文字拼写错误、动画故障、人物穿模、美术异常及本土化问题等。当然，测试者也测试与游戏相关的问题，如游戏的总体难度、关卡难度、游戏平衡状况、场景中的细节呈现、视角问题、音效问题、法律问题（专利），以及对物理规则、内部经济系统、数值和概率问题等游戏规则的利用。

游戏测试有行之有效的测试流程与机制。测试的内容包括游戏的叙事内容，如世界观的完整性、故事情节的连贯性、伏笔与悬念是否兑现、一致性、可信度、关卡与任务的衔接、角色塑造与对白、环境的叙事细节等。

· 思考题 ·

1. 除了书中所讲的领域，数字叙事还有哪些应用领域？

2. 与传统叙事作品相比，数字叙事产品最主要的优势是什么？如何在创作数字叙事产品的过程中发挥这些优势？请结合一个具体的案例或应用领域进行说明。

3. 沉浸感和互动性是数字叙事产品的两个重要标志，这两个标志哪个比较重要？如何在创作数字叙事产品的过程中突出沉浸感和互动性？请详细说明。

第六章

数字产品的情感化
设计

第一节　情感及情感化设计

情感化设计最早出现在发达国家的工业设计领域，并被广泛用于汽车、电子产品和轻工业产品等领域。"情感化设计"的概念是一个从情感认知衍生到设计范畴的提法，情感化设计的英文一般是"Emotional Design"，具有一定的中性色彩，不仅指能带给使用者积极、正面情感的产品设计，还包括带给使用者负面情感的产品设计。因此，情感化设计中的"情感化"并不仅仅指心理学中的"情感"，还指设计者对情感化理论进行分析后，对产品注入情感元素，从用户的情感角度设计产品，并能够创造出新的情感需求的一种设计方式。

一、情感及情感分类

所谓情感，是指人对客观事物的一种态度，是由一定的客观事物引起的一种倾向，它是人类活动不可回避的现象，广泛涉及心理学、社会学、文化学和美学的方方面面。

情感非常复杂，同时又十分具有个人特点，它的复杂性为情感的研究带来了难度。对于情感，不同领域的学者提出了不同的分类方法，我国对此也早有研究。儒家在关于情感的分析中大概将情感分为"亲情、敬、乐""四端之情""喜怒哀乐之情""诚信之情""七情"。但儒家对情感的分类并不严格，其更注重情感的整体性，注重情感之间的相互联系和影响。国外对情感的研究更偏向人类的生理反应，西方心理学家提出了爱、快乐、惊奇、悲伤、愤怒和恐惧六种基本的社会性情绪。

二、情感化设计

情感化设计是指强调用户情感体验的设计，其最终价值是为了实现某个既定的目标或意义。情感化设计具有很强的交互性，可以满足用户的某种情感需求，这种情感满足不仅关注感官的审美感受，更关注用户的特征和需求。情感化设计根据用户的偏好和属性特征，在设计中注入情感化元素，激发用户产生积极、美好的情感反馈。情感化设计作为一种"创意＋创新"的工具，通过各种图形符号、色彩和形态等造型元素来表达和实现设计者的思想和设计目的，着眼于用户内心的情感需求和精神需求。因此，使用情感化设计更符合用户的心理需求，能实现以人为本的核心追求。

第二节 数字产品的情感化设计的类型

情感作为人们内心真实表达的本能，在数字产品的设计中也起着重要作用。情感化设计是增强用户体验的一种思路，旨在抓住用户有意识或无意识的诱发情绪反应。随着人们生活质量的提高，以往单调的产品诉求已经不能满足人们日益增长的对精神层面需求的追求，情感化设计很好地填补了这一空缺。相较于单纯地对数字产品进行设计，情感化设计赋予了数字产品表达情感的能力。数字产品的情感化设计主要围绕人的本能、行为、情感等因素进行创作和加工，以便设计出满足人类情感需求的产品。

这里主要以诺曼理论为依据，重点讨论面向本能层的情感化设计、面向行为层的情感化设计和面向反思层的情感化设计。

一、面向本能层的情感化设计

本能层主要通过视觉、听觉、触觉等感官体验传递数字产品的设计理念，其中视觉、触觉和听觉占据主要引导位置。本能层的设计特色越鲜明，越能直观地体现情感交互。

（一）图形和文字的情感化语言

图形和文字是设计过程中的重要元素，不仅要能向用户传达产品信息，还要使用户产生情感。图形和文字的视觉语言可以使图片更清晰、更有趣，有效地提高用户的注意力和兴趣。现代汉字设计已经突破了原有框架，以"形"表"意"，在设计中更多地体现人文关怀，使人们产生认同感与归属感。字体的圆润、方正、棱角、倾斜等设计风格，都能向用户传递不同的情感。图形具有说明性、传递性、可视性等特点，在为用户带来视觉冲击的同时，能更直观地传递情感。

"丝路手信"的图形和文字就是情感化设计的典型代表，如图6-1所示。"飞天"是敦煌壁画的特色艺术，在一定程度上也是敦煌的代名词，直观的图片和文字能够给人们带来感性、冲突与力量的情绪色彩。

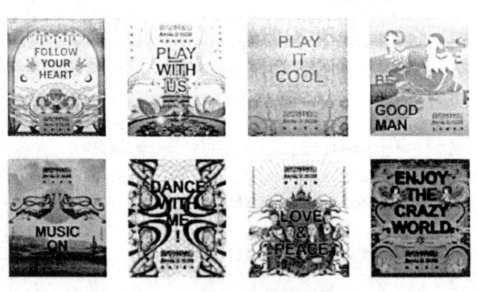

图 6-1 "丝路手信"文创系列产品宣传图

（二）色彩的情感化语言

色彩让人印象深刻，能够直接抓住人们内在的心理感受，色彩是人们内心的情感世界的反映。色彩的心理影响和情感象征由人们对色彩的长期理解和感知造成，色彩在人的心理层面具有不可替代的作用，能帮助人们获得不同的情感体验。

在德芙品牌的巧克力广告中，深褐色的巧克力浆与流畅的曲线相配合，彰显出巧克力丝滑的口感，既刺激了人们的味蕾，又引发了人们的情感共鸣，顺利地传达了信息。因此，相较于文字，色彩有时更具感染力。在游戏中合理运用色彩，不仅能在视觉上为玩家带来更好的体验，提升玩家的情绪价值，还增强了游戏场景的情感烘托。在玩家的游戏角色遇到危险时，画面色彩就会变暗，使玩家处于紧张状态；在玩家化险为夷后，画面会恢复明亮，玩家的心情也会变轻松。

（三）声音的情感化语言

在设计中，声音一个容易被忽视的领域，声音的轻重缓急、刚强凌弱和粗细高低等，会给人体的听觉感官造成不同程度的刺激。例如，微软操作系统以一段舒缓有力的谐音作为开机声音，营造出轻快和谐的氛围，为用户带来美好的情感体验。

声音的情感化设计在游戏中最为直观，游戏中的声音可以帮助玩家感知空间的不同属性，如距离、大小、方向、视角及主观情绪等。游戏中虚拟情境的声音系统，能让玩家产生愉悦、紧张、悲伤等情绪。如果玩家来到一个充满诡异声音的地点，自然而然会产生一种恐惧的心理，而玩家在游戏中听到流水声、儿童嬉戏声、风铃声等则可能产生一种轻松愉悦的心理。

二、面向行为层的情感化设计

行为带来的情感是指用户在使用数字产品的过程中产生的积极或消极的情感，数字产品行为层的情感化设计主要聚焦于用户与数字产品的交互行为。用户与数字产品的互动可以使用户产生更强的情感反馈和认知，并让用户形成持久的记忆。面向行为层的情感化设计有四个要素，分别是功能性、易理解性、易用性和感受。

（一）功能性

数字产品的功能体现了数字产品使用价值的内在逻辑，是设计者基于情感设计理念对功能能够满足用户理性的使用需求的追求，也是用户是否选择某个数字产品的重要条件之一。

（二）易理解性与易用性

易理解性要求设计者尽可能消除用户和数字产品的认知摩擦，帮助用户在第一次接触某个数字产品时就知道如何使用它，即所谓的"初遇即感知"。易用性是指通过用户的感知习惯得到数字产品的反馈信号，激发用户的导向思维，引导用户产生正确的操作，进而实现数字产品的技术和交互功能。

抖音的界面设计一目了然。用户进入播放主页面后，首页最下端底部标签栏简单又直观地呈现了它的主要功能，包括"首页""朋友""拍摄""消息""我"。当用户面对简单又清晰的设计时，获取信息的成本减少了，满意度就会因此提升。除了简洁明了的标签栏，抖音的图标和操作设计布局也符合用户从左至右的使用习惯，点赞、评论、一键转发按顺序排列，如图 6-2 所示。抖音在操作上符合用户的操作习惯，在观看上也符合用户的视觉规律。大部分用户在操作手机时，基本都通过右手持机操作，因此抖音的功能图标都放在了右手更容易接触到的右侧及使用频率较高的大拇指容易碰触的位置，这种设计在不知不觉中提升了用户的使用体验，让用户在观看短视频产品时不自觉地产生愉悦感。

图 6-2 抖音首页图

简洁的页面设计能让用户在使用数字产品前对其产生好感，便于操作的交互设计也在一定程度上增加了用户的好感度和使用黏性。虽然用户所处的生活环境、文化背景千差万别，对数字产品的使用理解也不尽相同，但是用户都具有相似的思维逻辑，对操作路径等也具有相似的理解。用户在使用数字产品时，会根据自己的习惯进行尝试。抖音的交互设计比较简单、容易操作，在很大程度上减少了用户下一次操作的成本，缩短了操作的进程，让用户在操作时能更好地沉浸其中。使用过程中四个方向的滑动手势与用户日常生活中常用的动作十分契合，用户无须刻意学习就能懂得如何操作。

用户观看视频时不用进行其他操作，只需要向上滑动就可以观看下一个视频。在观看视频的过程中，如果用户喜欢该视频，可以通过双击或不间断点击手机屏幕完成点赞。这种无须在固定的点赞位置进行点赞的设计，帮助用户在操作过程中感受到趣味性，如果用户一直点击，还会有满屏小爱心发射的互动,如图 6-3 所示,这在触觉和视觉上增强了用户的参与感。用户可以通过评论、收藏、分享来表示对短视频产品的情感,而且当用户使用抖音一段时间后,其点赞情况可以帮助抖音调整所推荐视频的类型,这样用户在使用过程中会产生"上瘾"的感觉,用户更高维的需求能够得到满足。

图 6-3　抖音点赞效果图

(三)感受

感受是数字产品设计的内涵层次,注重用户在使用数字产品的过程中所产生的积极的情感体验,避免用户因为数字产品功能缺失、理解难度过大而产生消极的情感体验。一般情况下,数字产品设计往往强调"正向设计",即如何通过交互积极推进用户对数字产品的使用,而在实践过程中,

"逆向设计"也是不容被忽略的。用户在使用数字产品的过程中一旦遇到问题，需要通过合适的解决措施来缓解消极情绪。

当数字产品的运行出现负面结果，如卡顿、闪退、无信号等，如果数字产品无法及时提供解决方案，就会使用户的体验感大打折扣，适时的情感化设计能够安抚用户情绪。当电脑上的浏览器的网络连接不顺畅时，浏览器提供了小游戏，如图 6-4 所示，用户通过玩该小游戏来缓解由网络连接不顺畅带来的烦躁感，与孤零零的文字相比，小游戏能够给用户带来惊喜。

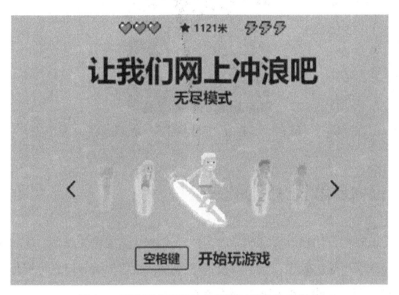

图 6-4　浏览器在网络连接不畅时提供的小游戏

当用户对数字产品本身有意见时，如果数字产品提供"反馈与帮助"功能模块，即针对一些字体调整、推送设置、账号绑定等常规问题提供解决方案，或设置专门的入口帮助用户解决个性化的问题，如图 6-5 所示，则能够很好地缓解用户在使用数字产品的过程中产生的消极情绪。用户能够使用"反馈与帮助"中的解决方案来解决常规性问题，也能通过反馈来解决自己使用过程中的具体问题。用户在解决问题后，可能会将出现问题的消极情绪转化为自己能够解决问题的积极情绪。

图 6-5 抖音的"反馈与帮助"功能模块

三、面向反思层的情感化设计

反思层注重用户对数字产品的内涵产生的情感层面的思考，注重信息、文化及数字产品的效用意义，涉及情感体验、品牌传播等信息可视化设计。反思层的情感化设计受到用户的先前经验与个人身份的影响，会让用户在使用数字产品的过程中产生思考，甚至改变其行为或观念。反思层的情感化设计存在意识和更高级的感觉、情绪和知觉，涵盖诸多领域，与信息、文化及数字产品的含义和用途息息相关。总之，反思层依赖数字产品带给人们的记忆和人们使用数字产品产生的自豪感，以及一些深层次的意识活动带来的乐趣。

（一）个体记忆

个体记忆是关于个人经历、人际关系、责任感和自我想象的内容，是构建自己身份不可缺少的一部分。它包含了经历性记忆和语义性记忆，经历性记忆与记忆主体的生活经验相关，语义性记忆与记忆主体的认识能力相关，所以记忆主体的不同导致个体记忆存在差异。

2019 年，国家图书馆发起了互联网信息战略保存项目，微博用户在互联网上发布的数据将作为数字遗产被永久封存，自媒体的普及赋予用户永久保存个体记忆的可能。在数字产品设计中，数据留存是一种很好的提升用户黏性的手段，当用户在数字产品中投入的精力、时间和情感等越多，其与数字产品的维系感就会越强。现在的数字产品大多注重数据留存，帮助用户"记忆"自己的使用痕迹，同时帮助用户清晰地看到他们的喜好变化。网易云音乐结合用户的听歌数据，为用户量身定制年度听歌报告，如图 6-6 所示。用户在查收年度报告的同时，能够回忆自己一年的听歌轨迹，甚至勾起对某个听歌时刻、某种特别情绪的回味。

图 6-6　网易云音乐年度听歌报告

（二）集体记忆

"集体记忆"是指在一个群体里或在现代社会中人们共享、传承及一起建构的事或物。建构的关键因素是氛围感的营造。当用户借由虚拟空间突破时空界限后，并不能立刻建立社会关系，而是需要氛围感来提供社交基础。

如图 6-7 所示，2021 年 6 月推出的《摩尔庄园》作为一个承载众多玩家童年记忆的网络游戏，一经上线便引起大范围的关注，玩家们的讨论从游戏本身开始延展到对童年生活的怀念。《摩尔庄园》的定位已经超越其本身的游戏属性，指向一代人逝去的童年。《摩尔庄园》以现实生活为背景，玩家在游戏里可以自由换装、装扮房间、模拟各种职业、进行互动和社交等，获得在现实生活中无法获得的情感补偿。《摩尔庄园》的目标用户是游戏最初代的参与者，他们是脱离了儿童身份的玩家，在游戏中能够回归"积极""悠闲"的生活态度，获得内心的平静，填补现实生活的情感空缺。在网络技术发达、生活节奏日益加快的今天，《摩尔庄园》为玩家营造了一个可以暂时逃避生活压力的乌托邦乐园，玩家通过游戏体验也能够享受慢下来的生活。

图 6-7 《摩尔庄园》上线海报

（三）社会认同

社会认同是指个体感受到自己是群体中的一员，并认识到群体内其他成员对自己的情感和意义。任何人都有寻求群体认可，把自己归入某个群体的倾向。如果一个人感受到自己与某个群体的成员的差异小于自己与其他群体的成员的差异时，他便会将自己归类为这个群体的成员。社会认同的重要特征就是群体性，社会认同不是个体单纯的心理现象，而是建立在对群体的感知上，与群体或更广泛的社会相联系。

社会认同是数字产品设计中较为深度的层次，一般出现在完全作为情感化产品的数字产品中。电视剧作为一种数字产品，往往能够承载情感。电视剧《觉醒年代》通过象征性的人物、地点、事件完成了历史记忆的建构，真实、鲜明地再现了从 1915 年《青年杂志》问世到 1921 年中国共产党成立这段波澜壮阔的历史。作为电视剧的"用户"，大家在观看《觉醒年代》时，会加深对这段历史的认知与价值判断，进而将这种情感作为一种精神导向影响社会的发展。虽然每个人在观看时会有不同的解读，但是大家在融合自身生活经验和想象后能够产生精神认同。

在进行数字产品设计时，设计者要充分考虑用户的精神需求，遵循情感规律，满足用户的心理期待。

· 思考题 ·

1. 你身边的情感化设计有哪些？
2. 情感化设计和用户体验的关系是怎样的？
3. 结合所学知识，你认为应该如何与用户构建情感化纽带？
4. 情感化设计的边界在哪里？

参考文献

📖 **第一章**

[1] United Nations Conference on Trade and Development. Digital Economy Report 2021[R/OL].(2021-09-29)[2021-11-01].

[2] Gartner. Gartner Says Global Smartphone Sales Grew 6% in 2021[EB/OL].(2022-03-02)[2022-10-28].

[3] 尹定邦 . 设计学概论 [M]. 长沙 : 湖南科学技术出版社，2005:169.

[4] 薛澄岐，裴文开，钱志峰，等 . 工业设计基础 [M].3 版 . 南京 : 东南大学出版社，2018.

[5] 李四达 . 交互设计概论 [M]. 北京 : 清华大学出版社，2009:252-253.

[6] 柳沙 . 设计心理学 [M]. 上海 : 上海人民美术出版社，2012:59-62.

[7] 赵彦，蒋兴 . 产品用户概念的结构性探析 [J]. 科技创业家，2012(19):186.

[8] 泰勒 . 科学管理原理 [M]. 马风才，译 . 北京 : 机械工业出版社，2013.

[9] 德莱福斯 . 为人的设计 [M]. 陈雪清，于晓红，译 . 北京 : 译林出版社，2012.

267

[10] Rubinoff R. How to Quantify the User experience [EB/OL].(2013-02-26)[2022-10-28].

[11] 伍凡凡.以用户体验为导向的智能手机应用软件界面设计研究 [D].上海：华东理工大学，2013.

[12] 加瑞特.用户体验的要素：以用户为中心的 Web 的设计 [M].范晓燕，译.北京：机械工业出版社，2008:12-54.

[13] 原研哉.设计中的设计 [M].纪江红，译.桂林：广西师范大学出版社，2010:24-25.

[14] 江帆.智能手机 APP 设计中的用户研究方法 [D].大连：大连理工大学，2016.

[15] 祝源.可穿戴式智能产品中的情感化交互设计研究 [J].艺术与设计 (理论)，2015，2(12):102-104.

[16] 谢健玲.情感化设计在现代设计中的重要性 [J].艺术品鉴，2018(09):199+201.

[17] 诺曼.情感化设计 [M].付秋芳，程进三，译.北京：电子工业出版社，2005:36-38.

[18] 诺曼.设计心理学 3:情感化设计 [M].何笑梅，欧秋杏，译.北京：中信出版社，2015:315，54-70.

📖 第二章

[1] 科特勒，营销管理：分析、计划、执行和控制 [M].梅汝和，梅清豪，张桁，译.上海：上海人民出版社，1997.

[2] Hui K L, Chau P Y K. Classifying digital products[J]. Communications of the ACM, 2002, 45(6): 73-79.

[3] 董浩宇."元宇宙"特性、概念与商业影响研究——兼论元宇宙中的营销传播应用 [J].现代广告，2022(08):4-12.

[4] 诺曼.设计心理学 [M].梅琼，译.北京：中信出版社，2010.

[5] Norman D A. Some observations on mental models[J]. Mental models, 1983，7(112).

[6] 李万军.用户体验设计 [M].北京：人民邮电出版社，2018.

[7] 钱枫嫣.《中国大学 MOOC》学习 APP 用户体验优化策略研究 [D].南京：南京邮电大学，2019.

[8] 丁佳一.基于 CUBI 用户体验模型的智能家居水族系统交互设计研究 [D].济南：山东大学，2018.

[9] 陈星海.基于 CUBI 用户体验模型的网络消费商业模式创新与应用 [D].长沙：湖南大学，2016.

[10] 杨柳.基于用户体验要素的景区智慧管理平台设计研究 [D].长沙：湖南大学，2020.

[11] 温冲.J 公司软件研发管理的研究 [D].上海：上海交通大学，2017.

[12] 何良静.基于敏捷开发的电力软件研发项目流程改进研究 [D].成都：电子科技大学，2021.

[13] 邓飞.基于精益创业的新产品开发迭代路径研究 [D].重庆：重庆邮电大学，2018.

📖 第三章

[1] 赵偲.基于感性工学与色彩心理学的 2.5 维 UI 界面设计研究 [D].南京：南京航空航天大学，2009.

[2] 杨益星.基于主成分分析法的移动支付 APP 可用性优化设计研究 [D].合肥：合肥工业大学，2018.

[3] 钟雨男，许懋琦.游戏化设计在互联网产品中的应用策略研究 [J].设计，2019，32(23):152-154.

[4] 李世国，顾振宇．交互设计 [M].北京：中国水利水电出版社，2012.

[5] 洪方舟．试论设计中如何融入中国文化元素 [J].艺术研究，2021(06):27-29.

[6] 卢莫瑞．论中国传统纹样中佛教文化的影响表现 [J].牡丹，2015(20):92-93.

[7] 唐丹婷．浅析中国传统纹样在平面设计中的应用 [J].鞋类工艺与设计，2021，1(22):36-38.

[8] 施斌杰．五行色彩在平面设计中的应用研究 [D].沈阳：沈阳航空航天大学，2016.

[9] 王丹．当代中国色彩意象文化及其数字化产品设计研究 [D].北京：北京邮电大学，2013.

📖 第四章

[1] 魏超，余博．我国数字音像产业分类研究 [M].北京：企业管理出版社，2013.

[2] 李娜．主流媒体短视频内容生产与传播策略分析 [J].采写编，2022(09):16-18.

[3] 淳姣，赵媛，薛小婕．有声读物图书馆及其构建模式研究 [J].图书情报工作，2010，54(23):106-110.

[4] 杨屾，朱露露，李志国，等．基于 Windows 系统的音乐播放器设计 [J].电脑编程技巧与维护，2017(03):77-78.

[5] 陈一奔．传播心理学视角下的数字音乐视频研究 [J].北方传媒研究，2021(06):84-88.

[6] 罗斯．观看的方法 [M].肖伟胜，译．重庆：重庆大学出版社，2017.

[7] 刘东珲.浅析短视频与短视频营销 [J].商展经济，2022(14):47-49.

[8] 陈秋心，胡泳.社交与表演：网络短视频的悖论与选择 [J].新闻与写作，2020(05):48-55.

[9] 赵美珠.信息交互设计在抖音短视频中的应用研究 [D].长春：长春工业大学，2022.

[10] 刘林刚.视频新闻中人物景别的分析 [J].新闻传播，2019(17):113-114.

[11] 于涵.电影摄影中推拉镜头的控制与表现力研究 [J].科技资讯，2020，18(34):209-211.

[12] 王润兰.电视节目编导与制作 [M].北京：高等教育出版社，2010.

[13] 郑墨雲.视频剪辑技巧在影视作品中的运用分析 [J].西部广播电视，2020，41(21):162-164.

[14] 廖佳鸿.融媒体背景下影视剪辑技巧分析 [J].记者观察，2022(03):61-63.

[15] 王佩佩，杨柳.多媒体视角下短视频剪辑技巧 [J].中国新通信，2021，23(11):166-167.

[16] 董雪，张宴硕.智能时代短视频的视觉景观重构与审美嬗变 [J].中国传媒科技，2022(05):67-69.

[17] 茹毅舟.试析用户原创短视频审美价值提升策略 [J].中国报业，2022(04):20-21.

[18] 李祯.浅析有声读物在阅读中的应用 [J].遵义师范学院学报，2020，22(02):162-164.

[19] 李西亚，胡韬.有声读物研究综述 [J].吉林师范大学学报 (人文社会科学版)，2018，46(01):119-124.

[20] 陈鑫明，韩帆.浅谈 APP 界面设计中人性化设计 [J].戏剧之家，2019（36）：103-104.

📖 第五章

[1] 王贞子. 数字媒体叙事研究 [M]. 北京：中国传媒大学出版社，2012.

[2] 徐丽芳，曾李. 数字叙事与互动数字叙事 [J]. 出版科学，2016，24(03):96-101.

[3] Miller C H. Digital storytelling: A creator's guide to interactive entertainment[M]. New York: Routledge，2014.

[4] Hartmut Koenitz, Gabriele Ferri, Mads Haahr, et al. Interactive Digital Narrative History，Theory and Practice[M]. New York: Routledge Routledge，2015.

[5] 甘锋，李坤. 从文本分析到过程研究 : 数字叙事理论的生成与流变 [J]. 云南社会科学，2019(01):170-177.

[6] 周育红. 创意阶层数字叙事风格研究 [J]. 艺术管理 (中英文)，2019(03):100-107.

[7] 刘芳. 结构、情节、时空 : 论微电影广告叙事 [J]. 当代传播，2014(05):96-97.

[8] 张淑萍，范国睿. 以数字故事促进学生 21 世纪技能发展——基于对芬兰 "数字故事" 研究的分析 [J]. 开放教育研究，2015，21(06):53-61.

[9] 陈静娴. 数字化故事叙述在教育中的应用研究 [D]. 上海 : 上海师范大学，2006.

[10] McLellan H. Digital storytelling in higher education[J]. Journal of Computing in Higher Education，2007，19(1): 65-79.

[11] 张斌，李子林. 图档博机构 "数字叙事驱动型" 馆藏利用模型 [J]. 图书馆论坛，2021，41(05):30-39.

[12] Shapiro D, Tomasa L, Koff N A. Patients as teachers，medical

students as filmmakers: the video slam, a pilot study[J]. Academic Medicine, 2009, 84(9): 1235-1243.

[13] Laing C M, Moules N J, Estefan A, et al. Stories that heal: understanding the effects of creating digital stories with pediatric and adolescent/young adult oncology patients[J]. Journal of Pediatric Oncology Nursing, 2017, 34(4): 272-282.

[14] Njeru J W, Patten C A, Hanza M M K, et al. Stories for change: development of a diabetes digital storytelling intervention for refugees and immigrants to minnesota using qualitative methods[J]. BMC Public Health, 2015, 15(1): 1-11.

[15] Jamissen G, Hardy P, Nordkvelle Y, et al. Digital storytelling in higher education[J]. International Perspectives, 2017.

[16] 杨静. 听觉音响与视觉影像相互介入叙事中的"女人故事"——谭盾多媒体音乐《女书》叙事结构对位研究 [J]. 中央音乐学院学报, 2021(02):18-32+42.

[17] 李若男, 孙远哲. 互动影视数字叙事系统研究 [J]. 出版科学, 2021, 29(04):94-103.

[18] 陈丽. 电影《肖申克的救赎》多维内聚焦叙事解读 [J]. 电影文学, 2013(02):120-121.

[19] 司若, 黄莺. 建构数字心流体验: 互动视听发展路径研究 [J]. 中国文艺评论, 2021(09):55-66.

[20] 王蕾. 中国互动小说出版研究 [D]. 苏州: 苏州大学, 2018.

[21] 刘派. 体验式阅读——自然交互技术在传统出版领域的应用研究 [J]. 科技与出版, 2014(12):104-107.

[22] 穆向阳, 徐文哲. LAM 数字叙事基础理论框架研究 [J]. 图书馆理论与实践, 2022(03):23-29.

[23] 余文娟. 玛丽－劳尔·瑞安的数字叙事理论研究 [D]. 长沙：湖南师范大学，2020.

[24] 赵雪芹，彭邓盈政. 数智赋能环境下的档案数字叙事模式研究 [J]. 档案学研究，2022(05):67-73.

[25] 张新军. 数字时代的叙事学 玛丽－劳尔·瑞安叙事理论研究 [M]. 成都：四川大学出版社，2017.

[26] 斯科尼克. 扣人心弦：游戏叙事技巧与实践 [M]. 李天顺，李享，译. 北京：电子工业出版社，2021.

📖 第六章

[1] 任立生. 设计心理学 [M]. 北京：化学工业出版社，2005:125.

[2] 冯梦荣. 情感化设计在智能手机界面设计中的应用研究 [D]. 武汉：武汉工程大学，2019.

[3] 赵希岗，王迪. 以文化本源为基础探究现代汉字设计的精神情感 [J]. 艺术与设计 (理论)，2018，2(04):50-52.

[4] 赵梓辰. 游戏场景视觉构建的互动性研究 [D]. 沈阳：鲁迅美术学院，2022.

[5] 丁宇. 数字产品的情境化设计研究 [J]. 现代装饰 (理论)，2011(02):12-13.

[6] 段明明. 基于情绪认知理论的游戏声景设计研究 [D]. 哈尔滨：哈尔滨工业大学，2012.

[7] 黄春梅，黄丽燕. 数字品牌设计的情感化研究 [J]. 明日风尚，2021(21):125-127.

[8] 赵美珠. 信息交互设计在抖音短视频中的应用研究 [D]. 长春：长春工业大学，2022.

[9] 何天平，付晓雅. 用户体验设计情感化转向：互联网新闻产品交

互创新趋势 [J]. 中国出版，2022(14):9-14.

[10] 刘臻睿 .B 站弹幕文化与"Z 世代"集体记忆的建构 [J]. 新媒体研究，2022，8(05):75-77+88.

[11] 张艺萌 . 社区养成类游戏中集体记忆的唤醒与重构——基于《摩尔庄园》的考察 [J]. 新媒体研究，2022，8(13):84-86+96.

[12] 胡洁 . 基础、生成与建构 : 从社会记忆到社会认同 [J]. 天津社会科学，2020(05):151-156.

[13] 张岂萍 .《觉醒年代》: 主旋律革命历史剧对集体记忆的建构与表达 [J]. 传媒，2022(12):76-79.